第一章

广西大石山区的环境与资源

本书研究对象重点为广西大石山区（以下简称"大石山区"），指广西壮族自治区西北区域的 6 市 30 个县（市、区），包括河池市的金城江区、宜州区、罗城仫佬族自治县、环江毛南族自治县、南丹县、天峨县、东兰县、巴马瑶族自治县、凤山县、都安瑶族自治县、大化瑶族自治县；百色市的右江区、田阳县、田东县、平果县、德保县、靖西市、那坡县、凌云县①、乐业县、田林县、隆林各族自治县、西林县②；南宁市的隆安县、马山县；柳州市的融水苗族自治县、融安县、三江侗族自治县；来宾市的忻城县；崇左市的天等县。③ 目前这些地方居住着壮、瑶、苗、侗、仫佬、毛南、彝、水、仡佬等少数民族，是我国特有

---

① 凌云县为享受自治县待遇县。
② 西林县为享受自治县待遇县。
③ 广西大石山区主要包括 6 市 30 个县（市、区），源于《中共广西壮族自治区委员会 广西壮族自治区人民政府关于开展广西大石山区人畜饮水工程建设大会战的决定》（2010 年 4 月 12 日）。广西大石山区 30 个县（市、区）都是革命老区，其中 25 个是国家扶贫开发工作重点县，5 个是自治区级扶贫开发工作重点县；面积 8.91 万平方公里，占广西总面积的 37.34%；总人口 1093 万人，其中少数民族人口约占 85%（2010 年数据）。广西大石山区以 6 市 30 个县（市、区）为主要区域，但在广西并不限于这些区域，凡是喀斯特地貌严重的区域都属于大石山区，如桂林市。因广西大石山区主要集中于广西北部与西部，书中因写作表达需要，有时也称之为"桂西北"。

的少数民族聚居地，他们的生产生活仍以原始耕种的自给自足小农经济为主。"地无三尺平"是广西喀斯特地貌的大石山区的典型特征。整体上看，大石山区是一个石山遍布的喀斯特地貌地区，大多数地域以石山为主，地表水源稀少，地面很少见到河道、溪流，植被覆盖率低，自然环境极为恶劣，是我国18个集中连片贫困地区之一，也是一个集少数民族地区、边境地区、大石山区、贫困地区为一体的特殊区域。正由于上述种种特殊性，及这一地域特有的人文地理环境，培育了形式独特、内容丰富的伦理价值观。

一、河池市的环境与资源状况

河池市全境所辖2区9县都属于大石山区，地处广西西北边陲、云贵高原南麓，东西长228公里，南北宽260公里，全市土地面积3.35万平方公里，主要为山区，较大的河流有红水河。河池是一座以壮族为主的多民族聚居城市，全市有壮族、汉族、瑶族、仫佬族、毛南族、苗族、侗族、水族等8个世居民族。少数民族人口约321万人，占总人口的83.67%，是广西少数民族聚居最多的地区之一。河池素有"八乡"之誉，是中国有色金属之乡、中国水电之乡、世界长寿之乡、世界铜鼓之乡、歌仙刘三姐故乡、红七军和韦拔群故乡。

河池市是主要的喀斯特地貌分布区，其所辖2区9县中喀斯特地貌面积为21795平方公里，占全市总面积的65.74%，占广西喀斯特地貌总面积的24.34%，是广西喀斯特地貌出露面积最多的城市。

河池境内地形多样，结构复杂，山岭绵亘，岩溶广布，地势西北高东南低。山脉多分布于边缘地带，北有九万大山，西北有凤凰山、东风

岭，西和西南有都阳山、青龙山等山脉。环江毛南族自治县东兴乡的无名峰，海拔1693米，是河池第一高峰。河池地区岩溶面积大、分布广，占地区总面积的66%。河池河流众多，河流密度大，地形落差大，水能资源蕴藏量极为丰富。据统计，全市水能资源蕴藏量约1000万千瓦，占广西水能资源的二分之一以上，是未来华南的能源中心之一。

河池地处环太平洋金属成矿带，属南岭成矿带的一部分。因此矿产资源特别是有色金属矿产资源十分丰富，具有矿种较齐全，共生、伴生矿种多，分布广，质量好，储量大，综合利用性强和价值高等特点。全市2区9县都有矿藏，已探明的有锡、锑、锌、铟、铜、铁、金、银、锰、砷等46个矿种，矿产地172处，其中大型18处。能源矿产主要有煤、石煤等，非金属矿产主要有硫、石灰岩、白云岩等，水气矿产主要有矿泉水。保有储量居广西首位的有锡、铅、锌、锑、铟等，是河池市优势矿产资源。矿产资源开发已形成相当的规模，开发利用的矿种达36种，有色金属锡、锑、锌、铟等矿产品在全国具有重要的地位。

河池市石山面积为166.5万公顷（其中石山灌木林地75.6万公顷，裸露石山61.4万公顷，农用地27万公顷，特用地等其他用地2.5万公顷），占土地总面积的49.7%。据石漠化监测结果显示，河池市石漠化和潜在石漠化土地面积157.7万公顷，占全市土地总面积的47.1%，并且仍在以每年3%至6%的速度递增。石漠化的不断加剧，导致生态环境恶化，水土流失严重，干旱、洪涝灾害越来越频繁。2001年以来，全市年均发生水旱灾害5.5次，年均受灾人口311.73万人次，年均经

济损失 6.76 亿元。①

大石山区人民勤劳善良，他们淳朴厚道，世世代代守着大石山区，珍惜山区可以耕种的土地。由于生态环境影响，目前河池市大石山区存在诸多困难，例如，恶劣自然条件制约导致公共服务严重落后，石漠化对生态环境的影响日益严重，少数民族农民收入与全区、全国差距持续扩大，经济来源主要靠外出务工和家庭种养，自然灾害频发极易造成群众返贫等。②

二、百色市的环境与资源状况

百色市全境所辖 1 区 1 市 10 县都属于大石山区，总面积 3.62 万平方公里，西与云南相接，北与贵州毗邻，东与广西壮族自治区首府南宁紧连，南与越南接壤，边境线长达 365 公里，是滇、黔、桂三地区的中心城市，是中国大西南通往太平洋地区出海通道的"黄金走廊"。百色市有壮族、汉族、瑶族、苗族、彝族、仡佬族等民族，少数民族人口占总人口的 87%，其中壮族人口占总人口的 80%。百色市是一个集革命老区、少数民族地区、边境地区、大石山区、贫困地区、水库移民区六位一体的特殊区域。

百色市地形东西长 320 公里，南北宽 230 公里，地形为南北高中间低，地势走向由西北向东南倾斜，属于典型的喀斯特地貌。由于受地形的影响，百色的气候较特殊，市区四面山峰环抱，是个典型的小盆地城

---

① 吴家权. 关于河池生态文明建设的几点思考 [J]. 广西经济，2013，(4)：48-49.
② 河池市贫困大石山区实现精准脱贫的思考 [EB/OL]. 广西壮族自治区扶贫开发网站. http：//www. gxfp. gov. cn/html/2016/yclm_ 0624/34222. htm，2016-06-24l.

市，具有"小武汉"之称。下辖的乐业县，夏天白天不热，晚上较冷，不开空调，还须盖被，是旅游、避暑的好地方。乐业县还是百色唯一一个冬天会下雪的地方，平均每年雪期约 3 - 6 天左右，具有"小东北"之称。① 在民族文化方面，主要有嘹歌文化②、田阳舞狮、绣球文化、矮马文化、黑衣壮文化、壮剧文化等。

截至 2013 年，百色市已探明矿产有 57 种，是中国十大有色金属矿区之一。其中铝土矿已探明储量 7.8 亿吨，远景储量 10 亿吨以上，约占中国的四分之一。煤的储量在 4.5 亿吨以上，已成为广西产煤的主要基地，此外还有锑、铜、石油、天然气、黄金、水晶等十多种矿藏。百色市境内水资源总量约为 216 亿立方米，可开发利用的水电资源有 600 万千瓦以上，已经开发的水电资源 460 多万千瓦，是国家"西电东送"基地。③

大石山区占百色市总面积的 95.4%（石山占 30%，土山占 65.4%），丘陵、平原仅占 4.6%，且土地石漠化严重，全市有近 1300 万亩的石漠化土地，其中强度以上石漠化土地近 700 万亩。

---

① 百色概况 [EB/OL]. 广西百色人民政府网. http：//www. baise. gov. cn/bsgk/tqqh/t3456317. shtml，2020 - 03 - 26.
② 嘹歌是壮族的原生态文化、根性文化，可追溯至战国时期，成熟于明清时代，广泛流传于右江中游的平果、田东、田阳和红水河流域的马山以及邕江流域的武鸣。其歌声特点为嘹亮高远、字句简短，当地群众凡有喜事、农事活动都爱哼唱，因其尾音一般出现"嘹"音而得名。曲调有"哈嘹""那海嘹""嘶咯嘹""长嘹""迪咯嘹""哟咿嘹"等。
③ 百色概况 [EB/OL]. 广西百色人民政府网. http：//www. baise. gov. cn/bsgk/tqqh/t3456317. shtml，2020 - 03 - 26.

三、南宁市隆安县、马山县的环境与资源状况

南宁，中国广西壮族自治区首府。南宁市地形是以邕江广大河谷为中心的盆地形态。这个盆地向东开口，南、北、西三面均为山地围绕，北为高峰岭低山，南有七坡高丘陵，西有凤凰山（西大明山东部山地）。形成了西起凤凰山，东至青秀山的长形河谷盆地。盆地中央成为各河流集中地，右江从西北来，左江从西南来，良凤江从南来，心圩江从北来，组成向心水系。盆地的中部，即左、右江汇口处，南北两边丘陵靠近河岸，形成一天然的界线，把长形河谷、盆地分割成两个小盆地，一是以南宁市区为中心的邕江河谷盆地；二是以坛洛镇为中心的侵蚀—溶蚀盆地。

南宁市隆安县是南宁市所辖的一个县。总面积为 2264 平方公里，位于广西的西南部、右江下游两岸，是大西南铁路、公路、水路的交通枢纽，总人口 37 万，世居壮、汉、苗、瑶等民族。境内主要储藏有金、银、褐煤、铝土等 16 种矿产资源，其中凤凰山银矿储量位居全国第二。

隆安县地处桂西南岩溶山地，两面高山环绕，中部沿右江河谷较低，呈北西至南东方向弧峰残丘带状平原，西南面的都结、布泉、屏山一带为峰丛洼地、峰丛谷地，整个地势略向东南方向倾斜，东北面由碎峭岩组成的中低山和低山丘陵，中部为谷地和峰残丘平原，右江从西北向东南方向流经县城斜贯中部。按地形地貌划分，丘陵地占 48.29%，喀斯特地貌占 31.5%，平原台阶占 12.44%，中低山占 1.6%，水域占 6.11%，属典型的山区县。

南宁市马山县位于广西中部，地处红水河中段南岸，大明山北麓，

总人口 51 万人，有壮、汉、瑶等 9 个民族，因周围壮族人口占绝大多数，故汉族、瑶族中多数成年人亦会壮语，族际间以壮语或汉语西南官话作为交际工具。马山县总面积 2363 平方公里，是典型的大石山区，经济基础较为薄弱。

马山县地下矿藏丰富，已探明的有煤、锰、铁、铀、铜、金、水晶、滑石、冰洲石、大理石、高岭土等。勉圩、大球等地煤矿藏量丰富，发热量在 4~5 千大卡/克。乔利、林圩、周鹿、片联等乡锰矿遍布。乐平铁矿含铁量达 50~60% 以上，矿中还含有铝和黄、红色染料。

马山县民族文化源远流长，各族人民能歌善舞，民族文化丰富多彩，形式多样，素有"文化之乡"的美称。深受群众喜爱的有打扁担、打坺、采茶舞、踩花灯、会鼓、唱山歌和山歌剧等，其中壮族扁担舞和壮族三声部民歌享誉国内外。在长期的发展过程中，马山县蕴育和形成了自己独特的民族风情文化。传统的民族节庆有春节、元宵节、三月三壮族歌节、端午节、中元节、中秋节、敬老节、达努节等。壮乡会鼓、扁担舞、三声部民歌、歌圩、抢花炮、赛鼓会、踩花灯是当地主要的民族风情，其中壮族会鼓、扁担舞、三声部民歌最具地方民族特色。

隆安县、马山县是广西石山分布最广、条件最恶劣的地区之一。其余，还有都安、大化、天等等县，这些区域的石山面积占总面积 79% 以上，是真正的"穷山恶水"。①

---

① 广西 5.8 亿打通桂西 10 个少数民族贫困县乡村公路［EB/OL］. 中央政府门户网站地方政务. http://www.gov.cn/gzdt/2008-08/21/content_1076185.htm, 2008-08-21.

四、柳州市融水苗族自治县、融安县、三江侗族自治县的环境与资源状况

柳州市位于广西壮族自治区中北部，地形为"三江四合，抱城如壶"，故称"壶城"；又叫龙城，龙城的名字源于南朝梁。柳州是以工业为主、综合发展的区域性中心城市和交通枢纽，是山水景观独特的国家历史文化名城，从建城至今已有两千一百多年的历史。柳州是一座壮族、汉族等多个民族相聚而居的城市，2010 年 10 月全国第六次人口普查结果显示，少数民族人口为 193 万人，占全市人口 51.58%。其中壮族和侗族是柳州最古老的世居民族，多分布于市郊和郊县，他们分别属于先秦百越不同的越系分支后裔。柳州也是壮族等南方少数民族的发源地之一，壮族先民柳江人和白莲洞人在此繁衍生息，并创造了古老的白莲洞文化。柳州民族风情独具神韵，壮族的歌、瑶族的舞、苗族的节和侗族的楼，堪称柳州"民族风情四绝"。

柳州市融水苗族自治县在 1952 年 11 月以原融县中区为主，成立大苗山苗族自治区（县级），1955 年改称大苗山苗族自治县，1965 年改称融水苗族自治县。融水苗族自治县位于广西北部，云贵高原苗岭山地向东延伸部分。融江从北向南流经县城，焦柳铁路横贯县境南部，东临融安县，南连柳城县，西与环江县、西南与罗城仫佬族自治县接壤，北靠贵州省从江县。东北与三江侗族自治县毗邻。县境地势中部高四周低，中西部和西南部为中山地区，海拔 1500 米以上的山峰 57 座，其中摩天岭海拔 1938 米，元宝山海拔 2081 米，是广西第三高峰，县内第一高峰。东南部和东北部为低山地区，南端为丘陵岩溶区。

融水苗族自治县地处低纬度范围，属中亚热带季风气候，由于海拔较高，山地较多，故山区气候特征比较明显。该县土地资源以山地为主，有"九山半水半分田"之说，山地占土地面积的85.48%。

柳州市融安县聚居汉、壮、苗、瑶、侗等19个民族，东面与临桂等县接壤，南面与柳城、鹿寨等县毗邻，西面与融水县相邻，北面与三江、龙胜县交界，总人口约35万人。

融安县地形似腿状，南北走向长89公里，东西宽44.5公里，总面积2905平方公里，其中陆地2863平方公里，占总面积98.55%；水域42平方公里，占1.45%。融安县地貌大致可分为中低山陡坡地貌、低山缓坡地貌、岩溶峰丛地貌、沉积平原地貌等几种类型。融安县位于岭南南侧，为云贵高原延伸而来的桂北山地向桂中岩溶峰林峰丛谷地及柳州台地的过渡地带，地形复杂，形成不同的区域气候。

柳州市三江侗族自治县总面积为2454平方公里，是湘、桂、黔三省（区）交界地，属于亚热带南岭湿润气候区，山地谷地气候区。三江侗族自治县是全国五个侗族自治县中侗族人口最多的一个县，侗族人口19.2万人，侗族人口占三江侗族自治县总人口的57%。同时该县又是一个多民族聚居的少数民族县，除侗族以外，还有汉、苗、瑶、壮等民族。

三江侗族自治县属于丘陵地带，山多平地少，森林覆盖率为77.44%。境内有74条大小河流纵横交错，"三江"得名于境内的三条大江，即榕江、浔江、苗江。这里一年四季以山地气候为主，春多寒潮阴雨，夏有暴雨高温，伏秋易旱，冬有寒霜，四季分明。三江侗族自治县境内沉积岩分布极广，丹洲群、震旦系分布区占三江侗族自治县面积

的95%以上，中生界白垩系在北部程阳呈点状分布，东部与龙胜交界处有少量雪峰期火山喷发岩，河口附近个别超基性岩体，中部及南部露出少量基性岩、闪长岩及煌斑岩。三江侗族自治县地处江南古陆南缘，属九万大山穹褶带和龙脉褶断带之间，曾经过多次地壳运动，褶皱断裂非常发育。三江侗族自治县境地貌分为残余山地、陡崖窄脊山、V形谷、河从丘陵河流谷地、残余山前梯地等六种层次一级地貌。主要灾害性天气有春旱、秋旱、洪涝、春寒等。

五、来宾市忻城县的环境与资源状况

来宾市总面积13411平方公里，辖兴宾区、象州县、武宣县、忻城县、金秀瑶族自治县、合山市。来宾市是一座以壮族为主体的多民族和睦聚居城市，2015年末，总人口为265.84万人，常住人口为218.20万人，有壮族、苗族、瑶族等民族世居，壮族等少数民族人口占75%，享有"世界瑶都""广西煤都"等美称。来宾市处桂中低山丘陵区，地貌类型以山地丘陵为主，地势北高南低，东西两头高中间低，从西北向东南呈缓缓倾斜的湖盆状。山地占38.4%，丘陵占26.2%，平原占22.5%，台地占8.8%，其他占4.1%。东部为大瑶山山脉。位于金秀瑶族自治县的圣堂山海拔1979米，为桂中最高峰。①

来宾市忻城县东临兴宾区，西依都安瑶族自治县，南接上林县，北连河池市宜州区；东北与柳州市柳江区交界，东南与兴宾区、合山市接壤，西北与都安瑶族自治县相连，西南与马山县接靠。忻城县境内，居

---

① 广西市县概括［EB/OL］. 广西地情网. http：//lib. gxdfz. org. cn/file－d31－1. html，2016－10－26.

住着汉、壮、瑶、苗、仫佬、侗、毛南、水等民族。其中，壮族是忻城人口最多的少数民族。据全国第六次人口普查统计，忻城县总人口405384人，其中壮族人口约376600人，占总人口约92.8%。汉族人口约16700人，占总人口约4%。忻城县有誉为"壮乡故宫"的莫土司衙署，是亚洲保存最完整的土司衙署。

忻城县属岩溶地形发育区，以石山峰林为主，暗河溶洞遍布全县。忻城地势为东南部较高，西部较低，中部多为丘陵土岭，江河流经地带较平坦，形成河谷小平原。境内石山峰林遍布。全县耕地面积2.92万公顷，有效灌溉的农田面积1.25万公顷，经济作物种植面积1.25万公顷，有林面积7.87万公顷，森林覆盖率30.7%。

忻城县具有丰富的矿产资源，主要有煤、锰、磷、硫磺、铝土页岩等，其中煤、锰储量较大，煤储量大约为3802万吨，锰储量约184万吨。全县境内大理石、花岗石藏量丰富，质腻纯黑的大理石是优质的建筑工程装饰材料，淡白色的石灰石是制作石灰膏粉的上等原料。

忻城县地处大石山区，"九分石头一分地"，全县43.02万人口（截至2015年）仅有耕地45万亩。[①]居住在这里的各族人民在"石头缝里"讨口粮，至今还有部分居民过着刀耕火种的生活。"听到'人的声音'也要走上两个小时山路""连打洗脚水都要挑两公里山路""贫瘠的石头地种出来的粮食连糊口都不够"曾是这里的真实写照。

---

① 卢彬彬.忻城县推进大石山区易地扶贫搬迁工作纪实［EB/OL］.广西新闻网.http://news.gxnews.com.cn/staticpages/20130712/newgx51df5385－8020425.shtml, 2013－07－12.

六、崇左市天等县的环境与资源状况

崇左市位于广西西南部，原为南宁地区公署的一部分，于 2003 年 8 月 6 日正式成立地级市。崇左市面向东南亚，背靠大西南，东及东南部接南宁市、钦州市，北邻百色市，辖江州区和扶绥、大新、天等、龙州、宁明 5 个县，代管县级凭祥市，与越南接壤，边境线长 533 公里，是广西边境线陆路最长的地级市。崇左市总面积 17440 平方千米，人口 242 万，其中壮族人口占总人口的 88.3%。崇左市地质构造古老，多以泥盆纪、二叠纪和三叠纪为地质基层，以石灰岩占优势，页岩、砂岩次之，第四纪酸性赤红壤土层为地表盖层；境内山环岳绕，丘陵起伏，山多地少，地貌复杂多样，以喀斯特岩溶地貌为主体。① 崇左西部为大青山山脉，南部为公母山山脉和十万大山余脉；地势大致呈西北及西南略高，向东倾斜，中部被左江及支流切割，形成错综合颁的丘陵平原。崇左境内最高峰为南部宁明县与防城港市接壤的十万大山余脉浦龙山，海拔 1358 米，其次是爱店附近中越边境的公母山，海拔 1357.6 米。②

崇左市天等县位于广西西南部，2015 年全县人口总数约 40 万，其中壮族人口占 96%。天等县地处亚热带季风气候区，气候温和，雨量充沛，四季如春。

天等县境内以喀斯特地貌为主，山地面积 1696.42 平方公里，占总面积 77.98%。其中，土山占总面积的 22.60%；石灰岩山地占总面积

---

① 崇左概况 [EB/OL].崇左市人民政府门户网站.http://www.chongzuo.gov.cn/zjcz/lsyg/t61330.shtml，2016 - 11 - 7.

② 走进崇左 [EB/OL].崇左市人民政府门户网站.http://www.chongzuo.gov.cn/zjcz/zrdl/t61338.shtml，2016 - 11 - 7.

的 41.50%；硅质灰岩山地占总面积的 10.31%；半土半石山占总面积的 3.57%。地处大石山区的国家扶贫开发工作重点县天等，曾被明朝地理学家徐霞客描绘成"石峰峭聚如林"。①

天等全县地势西南高东北低，最高点为西南部四城岭主峰，海拔 1073.7 米，最低是东北部天南村洞荷洼地，海拔 263 米，一般海拔为 450 米至 650 米，县内岩溶地貌占全县总面积的 77.4%。天等县和南面的大新县、西面的靖西县形成三角地区，是锰矿资源丰富的地区。

天等县总面积 323.88 万亩，其中耕地面积 38.56 万亩，人均耕地面积 0.97 亩，是为"八山一水一分田"。天等县是石漠化严重的大石山区，也是广西有名的旱区。这是因为该区域地表河溪少，多年平均降水量虽不少，但降水大部分渗入地下溶洞。② 这又造成土地贫瘠，生存环境恶劣。

七、大石山区少数民族社会的生态整体特征

少数民族居住在大石山区有着非常复杂的历史原因，本书虽从历史角度来研究大石山区少数民族的伦理价值观演变，但不是研究少数民族历史的专著。本书仅考察大石山区少数民族近代以来，尤其是改革开放前后其伦理价值观的演变过程及所存在的生态性。本章基于大石山区少数民族现有的生态情势向读者作简单的阐述。

---

① 天等县［EB/OL］．广西县域经济网．http：//m. gxcounty. com/show - 78 - 112303 - 0. html? ivk_ sa = 1023345p，2015 - 11 - 15.

② 陶琦．土地整理抗旱显灵——天等县大石山区土地整理项目区见闻［J］．南方国土资源，2010，（5）：30 - 31.

（一）资源丰裕与资源获得性缺位

大石山区少数民族所居住的地域从现代性来看，其资源是非常富裕的。在上述的各市各县也已经看到，大石山区少数民族并不缺乏发展的资源，而是缺乏发展的条件和手段。

大石山区分布着非常丰富的矿藏，大石山区之桂西以岩浆热液型矿产和接触交代—高温热液型矿产为主，蕴藏着丰富的有色金属和贵金属，是广西有色金属和贵金属生产基地；大石山区之桂北则蕴藏着较为丰富的沉积矿产和岩浆热液型矿产，广西境内已探明资源储量的铁、铌、钽、滑石大部分分布于该地区，也是广西钨、重晶石的主要产地。① 这一区域还有丰富的地下水系与河流水系等。然而，对这些资源的开采与利用是工业文明层次的。大石山区少数民族生产方式在相当大程度是属于农业文明层次，并不能直接利用上述的资源，丰富的资源对于大石山区少数民族来说还不是"资源"，是他人的"美景"，有时反而是影响他们生存生活的障碍。

与大石山区少数民族人们直接相关的是土地资源与山林资源。桂西北在土地资源方面，主要是石灰岩土，这类土壤土层薄，保水能力差。② 由于喀斯特作用的结果，造成地表坎坷嶙峋，土地瘠薄，旱地多于灌溉水田；地下河系发达，地表水渗漏大，径流少；地下水动态变化大，加之植被大部被破坏，造成旱、涝灾害频繁，农业生产不稳定。

如果说，要把丰裕的资源转换为大石山区少数民族发展的前提是把

---

① 广西壮族自治区的资源宝藏［EB/OL］. 国务院新闻办公室门户网站广西. http：//www. scio. gov. cn/ztk/dtzt/04/08/3/Document/391888/391888. htm，2009 - 08 - 21.

② 广西壮族自治区的资源宝藏［EB/OL］. 国务院新闻办公室门户网站广西. http：//www. scio. gov. cn/ztk/dtzt/04/08/3/Document/391888/391888. htm，2009 - 08 - 21.

大石山区建设成为一个工业园，让少数民族从农业社会形式进入工业社会形式，在现阶段这并不现实。但是不这样的话，大石山区少数民族发展会遥遥无期，它们被限制在生态丰裕的非获得性态势中。对于大石山区少数民族来说，他们能够直接获得的资源是极为匮乏的。缺乏发展的前提，只有转换前提，而不是增加手段作为增长大石山区少数民族发展能力的方式。如何获得发展前提，本章将在第七章、第八章进行详细论述。

（二）大石山区少数民族生存生活的环境相对恶劣

大石山区在环境方面最显著特征就是石山遍布的喀斯特地貌。大石山区石多土少，并以荒草地、沼泽地、裸土地、裸岩石砾地、田坎等居多。大石山区的土壤及植被难于恢复，生态环境脆弱，易旱易涝，土地适宜性差，土地生产率低，土地综合利用率不到70%。因受地形、地质构造和岩溶山区水文植被的影响，境内地表水少，河流切割深，地下水丰富，但埋藏较深，水量水位动态不稳。由于特殊的水动力条件、地质构造条件、气候条件、使土壤的成土速度慢、土层薄且分布不均、加上特殊的化学和物理作用，导致缺乏地表水源、保水能力差、土壤肥力下降、生态环境脆弱。通常是"有雨三日水成湖，无雨三日地生烟"。

大石山区本身存在严重的石漠化状况。石漠化，被称为地球的"生态癌症"。石漠化是"石质荒漠化"的简称，指在喀斯特脆弱生态环境下，由于人类不合理的社会经济活动而造成人地矛盾突出，植被破坏，水土流失，土地生产能力衰退或丧失，地表呈现类似荒漠景观的岩石逐渐裸露的演变过程。在广西，曾近一半贫困人口生活在生态承载能力较差的石漠化地区。这又以大石山区为严重。

在这个漫山遍野只有突兀裸石的大石山区里，没有中原地区一望无际的湿地，没有沿海地区四通八达的交通，没有东北地区厚实的肥土，更没有西北地区丰富的地下资源，有的只是漫山遍野的破碎石子、错综复杂的地下溶洞和夹杂在石缝中间的一块块沙土。山区少数民族世代与艰苦的自然环境作斗争，他们把田地修在大石山区的每一处石缝中间，或用细石围砌一处处碗盖大小的"梯田"，与遍地石头争夺稀少的土壤资源，土壤在这里显得弥足珍贵。当地民间流传着一个故事，大山里有兄弟二人准备成家，兄弟俩商量着将家里的地分一分。家里本有 24 块土地，父亲打算分给每人 12 块，待父亲分好地后，弟弟数来数去却只有 11 块，而哥哥恰好 12 块。父子三人于是争吵起来。几番争执无果，父亲撒手不管，拾起地上的草帽打算离开，这时三人才发现原来那块地被草帽盖住了。① 正所谓"碗一块，瓢一块，丢个草帽盖一块"。

居住在这些地区的少数民族，世代过着脸朝石头背朝天的日子，眼前只有一望无际的石头。这就是大石山区少数民族的生存条件。多年来，地方政府也对大石山区恶劣的环境进行了整治。如 2000 年，党中央吹响了西部大开发的号角，生态环境建设被摆到更加突出的战略地位。作为西部欠发达地区，大石山区的河池很快成为全国最早的退耕还林、石漠化治理试点地区，享受到诸多国家生态建设的优惠政策。河池先后组织实施珠江防护林工程、封山育林工程、石漠化治理工程、退耕还林工程、国家级生态效益补助工程、速丰林工程等国家或自治区林业重点工程，加强森林资源保护，有力地促进了林业发展。虽然广西石漠

---

① 广西贫困大石山区生态环境简介 [EB/OL]. 新浪网新浪公益. http：//gongyi. sina. com. cn/gyzx/2010 - 11 - 29/161422115. html，2010 - 11 - 29.

化综合治理成效位居全国第一，是 8 个石漠化省区中石漠化面积减少最多的省区，[①] 但这仍然不够，大石山区恶劣的环境与人们群众生活生存之间的矛盾关系还没有得到根本解决。[②]

---

① 谢彩文. 绿色铺底的"金字招牌" [N]. 广西日报，2015，3 (12)：009.

② 针对广西大石山区恶劣的自然环境，广西开展了多项"大会战"：2003 年 4 月在东兰、巴马、凤山三县开展基础设施建设大会战；2007 年初开展为期两年的 5 个大石山区国家扶贫开发工作重点县（自治县）（都安、大化、隆安、马山、天等）基础设施建设大会战；2008 年 6 月，开展 0 – 3 公里的兴边富民基础设施建设大会战，次年加大力度，开展 3 – 20 公里兴边富民行动基础设施建设大会战；从 2010 年 4 月开始通过两年时间、投入 23 亿元在大石山区 30 个县（市、区）展开人畜饮水工程建设大会战，从根本上解决 120 万多人口的饮水困难。这些"大会战"工程在很大程度上改善了少数民族生存生活区域的环境。

第二章

大石山区伦理价值观概述——以壮、瑶、苗三族为例

"存在即合理。"每一个民族都有自身的伦理价值观。"人们按照自己的物质生产率建立相应的社会关系，正是这些人又按照自己的社会关系创造了相应的原理、观念和范畴。"① 大石山区世代居住着壮、瑶、苗、侗、仫佬、毛南、彝、水、仡佬等少数民族，也就有着各自的独特的伦理价值观。由于大石山区少数民族居住的环境、获得的资源存在相似性，因而，他们的价值观也具有很大的同一性。"一切以往的道德论归根到底都是当时的社会经济状况的产物。"② 可以说，大石山区由于生态的特殊性，存着一种特有的人文地理环境，促成了形式独特、内容丰富的伦理价值观。大石山区的少数民族形成了一种与自然环境相适应的勤劳节俭、诚实守信、惩恶扬善、重情感恩的伦理观，而这种伦理观直接影响了其价值观的生成，形成了与自然和平相处、平等互利、容忍克制的价值观，二者在对待自然方面构成了一种朴素的生态文明观。本章选取了大石山区壮、瑶、苗三个少数民族对大石山区少数民族伦理价值观进行描述。

---

① 马克思恩格斯文集（第一卷）[M]．北京：人民出版社，2009：603.
② 马克思恩格斯文集（第九卷）[M]．北京：人民出版社，2009：99.

一、壮、瑶、苗三族概述

广西大石山区世居少数民族有壮、瑶、苗、侗、仫佬、毛南、彝、水、仡佬等，其中壮、瑶、苗、毛南、水、侗等民族在大石山区人口较多。本书结合各民族的文化、习俗、伦理等特征，选取壮、瑶、苗三族的伦理价值观进行讨论。

（一）大石山区壮族概述

广西壮族自治区因壮族人口多而命名，壮族人口为 1520 万[①]，占全国壮族总人口的 87.81% 以上，占广西总人口 34%。壮族旧称僮（zhuàng）族，是中国人口最多的一个少数民族。壮族主要聚居于南宁市、崇左市、百色市、河池市、柳州市、来宾市、贵港市、防城港市等地，广西各地均有分布。壮族居住地基本上连接成一片，大部分聚居，也有相当一部分和汉、瑶、苗、侗、仫佬、毛南、水等族杂居。[②]

壮族地区石灰岩分布很广，是世界有名的岩溶地区，石山拔地而起，石山里有岩洞和地下河。这种地形构成了"桂林山水甲天下，阳朔山水甲桂林"的名胜景色。沿海盛产各种名贵海产，尤以南珠闻名。壮族地区气候温和，雨水充足，以农业为主，种植水稻、玉米、薯类等。果品也很丰富，森林面积广，盛产柳州杉、银杉、樟木等名贵

---

① 区划人口［EB/OL］. 广西壮族自治区人民政府. http：//www. gxzf. gov. cn/mlgxi/gxrw/qhrk/t1003588. shtml, 2015 – 12 – 27.

② 区划人口［EB/OL］. 广西壮族自治区人民政府. http：//www. gxzf. gov. cn/mlgxi/gxrw/qhrk/t1003588. shtml, 2015 – 12 – 27.

木材。①

今天壮族传承的古代文化，在很多方面是西瓯、骆越人创造的。骆越方国创造的稻作文化、大石铲文化、龙母文化、青铜文化、青铜文化中的铜鼓文化、花山文化等等，是中华民族宝贵的文化遗产。②

壮族的宗教多为自然崇拜和祖先崇拜。壮族本民族宗教则以摩（mo）教（壮族巫教）为主，摩教带有浓重的佛、道二教色彩，特别是以和道教相融合为其特点。此外，民间崇拜的神灵多而杂，有自然神、社会神、守护神等，崇拜仪式也随诸神的功能而不同。③

（二）大石山区瑶族概述

瑶族是中国一支古老的民族，是古代东方"九黎"中的一支，是中国华南地区分布最广的少数民族，是世界上最长寿的民族之一。瑶族是盘瓠和妻子三公主（汉族）的后裔，三公主为帝喾之女，故盘瓠是黄帝（汉族祖先）的孙女婿。

2015 年中国瑶族人口约为 285.3 万，其中广西 171 万，湖南 70.5万，广东 20.3 万，云南 19 万，贵州 4.4 万，江西数百人。广西共有 6个瑶族自治县（都安、巴马、金秀、富川、大化、恭城）。瑶族除居住在瑶族自治县外，其余分散在贺州、凌云、田林、南丹、全州、龙胜等县。大分散、小聚居是瑶族分布的特点。大瑶山还存在着原始的瑶老制和石牌制，大瑶山的石牌制组织及其习惯法——石牌律，对于维护社会

---

① 壮族［EB/OL］. 中国共青团网. http：//www. ccyl. org. cn/zhuanti/my_ motherland/minzu/200908/t20090817_ 282889. htm，2015 – 02 – 4.

② 壮族民族历史［EB/OL］. 中国民族宗教网. http：//www. mzb. com. cn/? 531 = w9147m3il，2015 – 01 – 01.

③ 壮族宗教概况［EB/OL］. 中国网. http：//www. china. com. cn/aboutchina/zhuanti/zzfq08/2008 – 12/06/content_ 16909337. htm，2008 – 12 – 06.

目 录
CONTENTS

1

生态文明的相关理论，也是写作本书的理论根据。接下来，第六章分析了大石山区少数民族社会当前生态文明建设的现状，认为广西生态文明建设不应忽视大石山区少数民族的朴素生态文明观念。第七章与第八章是本书写作的落脚点。第七章指出大石山区少数民族伦理价值观对生态文明建设的理论、应用、战略价值，其中特别提出大石山区少数民族有可能从自身所处的历史阶段，直接进入生态文明社会。第八章主要分析了中国生态文明建设在少数民族地区推进的战略与对策。

　　总的来说，本书研究了大石山区少数民族社会伦理价值观与生态文明建设之间的关系。

序　言

　　广西大石山区以喀斯特地貌为典型特征，这些地方居住着壮、瑶、苗、侗、仫佬、毛南、彝、水、仡佬等少数民族，是我国特有的少数民族聚居区域。大石山区少数民族形成了独特的、内容丰富的伦理价值观，与自然的关系而言，这种伦理价值观在内容上构成了朴素的生态文明观。

　　本书主要以马克思主义为理论背景，考察了大石山区少数民族伦理价值观的历史变迁，并结合当前生态文明建设，讲述了大石山区少数民族朴素生态文明观对大石山区少数民族社会建设的价值和意义。

　　本书第一章主要对大石山区少数民族社会生存的环境与资源作了介绍，指出这些地方虽然资源丰裕却难以为少数民族所用。第二章选取了壮、瑶、苗三个民族来分析大石山区少数民族存在的传统伦理价值观及其中具有的朴素生态文明观念。第三章通过问卷调查的方式分析了大石山区少数民族伦理价值观演变情况，认为基于目前态势依然可以将少数民族伦理价值观与生态文明建设结合起来。第四章从现代性角度对大石山区少数民族伦理价值观现有态势的形成作了原因分析。第五章是关于

图书在版编目（CIP）数据

广西大石山区生态文明建设研究／庾虎，罗展鸿著.
—北京：人民日报出版社，2020.12
ISBN 978－7－5115－6805－2

Ⅰ.①广…　Ⅱ.①庾…②罗…　Ⅲ.①少数民族—民
族地区—生态文明—建设—研究—广西　Ⅳ.①X321.267

中国版本图书馆 CIP 数据核字（2020）第 244513 号

书　　　名：广西大石山区生态文明建设研究
　　　　　　GUANGXI DASHI SHANQU SHENGTAI WENMING JIANSHE
　　　　　　YANJIU
作　　　者：庾虎　罗展鸿

出 版 人：刘华新
责任编辑：万方正
封面设计：中联华文

出版发行：人民日报出版社
社　　　址：北京金台西路 2 号
邮政编码：100733
发行热线：（010）65369509　65369846　65363528　65369512
邮购热线：（010）65369530　65363527
编辑热线：（010）65369533
网　　　址：www. peopledailypress. com
经　　　销：新华书店
印　　　刷：三河市华东印刷有限公司
法律顾问：北京科宇律师事务所　　（010）83622312

开　　　本：710mm×1000mm　1/16
字　　　数：160 千字
印　　　张：14
版次印次：2021 年 4 月第 1 版　　2021 年 4 月第 1 次印刷

书　　　号：ISBN 978－7－5115－6805－2
定　　　价：89.00 元

PHILOSOPHY

人民日报学术文库

广西大石山区
生态文明建设研究

庾 虎 罗展鸿 ｜著

人民日报出版社
北京

秩序，保证人民生命财产安全起到一定作用。

瑶族先民在秦汉时期称为长沙武陵蛮，魏晋南北朝时期称莫瑶，隋唐时称莫徭，宋以后称瑶。"岭南无山不有瑶。"瑶族大部分居住在海拔800米左右的高山密林中，部分居于石山或半石山地区。依山建立村寨，地广人稀，居住分散。村寨之间的距离，少则三五里，多则十几里。寨子规模不大，一般在10户左右，最多30至40户人家。过去，由于生活贫困，迁徙频繁，住房十分简陋。一般住宅用竹片、木板、茅草为墙，或舂泥为墙，上盖树皮、茅草或竹瓦，富裕人家建有瓦屋或砖瓦屋。有些地区有"干栏"式住宅。房屋分为两层，上层住人，下层关养牲畜。

瑶族以族外婚为主。男女青年婚前恋爱自由，但结婚必须征得父母同意，女方要收一定数量的聘礼金。招郎入赘的习俗较普遍，以前南丹等地瑶族舅权很大，外甥女只有在舅父无子时，才能嫁给别人，但聘礼要由舅父收领一半以上。

(三) 大石山区苗族概述

苗族是蚩尤的后代，是我国人口较多、分布较广的少数民族之一。据传春秋战国时期的楚国就是由苗人建立。几千年来，一直以其历史悠久，分布面广，文化丰富多彩，反抗性强而著称于世。

在中国，苗族约为942.6万人（2010年数据），约有8成的苗族人口聚居于中国南方省份，而在东南亚的越南、泰国、老挝、缅甸也有相当规模的苗族。目前，除中国外，越南、老挝、泰国、缅甸、柬埔寨、美国、法国、德国、加拿大、阿根廷、圭亚那、澳大利亚、新西兰等国家都有苗族定居。苗族在约5000年间从东半球迁徙到西半球，是世界民族史上少有的奇迹。苗族是一个发源于中国的国际性民族。

　　苗族在古代曾聚居于长江中下游及黄河流域的部分地区，后来西迁聚居于以沅江流域为中心的，今湘、黔、渝、鄂、桂5省市毗邻地带，而后再由此迁居各地。现在，主要分布于以贵州为中心的中南和西南的各省市山区里。①

　　据2010年中国人口普查，广西苗族人口约47.5万，约占全区总人口0.96%。广西以融水苗族自治县的苗族人口为最多，其余依次为隆林、三江、龙胜3个自治县，其余则散居于资源、西林、融安、南丹、都安、环江、田林、来宾、那坡等县（自治县）境内。广西苗族自称"木""蒙""达吉"，他称有偏苗、白苗、红苗、花苗、清水苗、栽姜苗、草苗等。新中国成立后，依照本族人民的意愿统称为苗族。

　　广西苗族村寨有大有小，小者几户，大者几百户，房屋一部分是"上人下畜"的"干栏"楼，一部分是三开或五开间的平房。男女青年恋爱自由，结婚要征询父母的意见，若父母反对，青年男女坚持己见，采取私逃的办法。

　　桂北和桂东北土山区的苗族人民以糯米、大米为主食，杂以玉米、小米、红薯等。桂西石山区的苗族则以玉米为主食，拌以大米、荞麦和南瓜。苗族喜食酒、辣椒、酸菜。桂西北苗族喜欢腌制酸鱼酸肉，每天早晚餐有"打油茶"的习惯，桂西北的苗族喜爱腌制辣椒骨和做"豆腐霉"。

　　苗族没有统一的宗教，信仰多神，一些地区的苗族还信仰基督教，

---

① 戴华．苗族［M］．乌鲁木齐：新疆美术摄影出版社，2010：1.

以灵魂崇拜、自然崇拜和祖先崇拜为主。苗族丧葬有简有繁，一般实行土葬。苗族除有春节、中秋等与汉族相同的节日外，还有自己的民族节日，如苗年、吃新节、中元节、芦笙节、跳坡节等。每个节日和聚会除有丰富多彩的娱乐活动外，无不包含男女青年进行社交活动和谈情说爱的内容。融水苗族自治县在新中国成立前夕，还保存着原始氏族社会组织残余的"寨老制"① 和"竖岩"会议制。②

二、壮族"和、揉、合"的传统伦理价值观

壮族有着悠久的伦理道德传统，是一个很讲究道德、礼节、伦理的民族。③ 从稻文化发源到图腾崇拜、鬼神信仰，壮族最终形成了一套适合本民族特色和生存环境的伦理价值观体系。其主要表现为"和""揉""合"的伦理价值观。即以尊"合"的人伦观念、崇"揉"的治理方式、尚"和"的自然伦理价值观念。④

---

① "寨老"制，也称"都老"制，即是头人制度。"都老"意为"大人"。村里的"大人"，就是头人，是自然形成的领袖人物，起源于原始社会的氏族、部落酋长。所不同的是，原始氏族、部落是以血缘为纽带构成，而"都老"，是村寨的头人，构成村寨的不一定是同一血缘的人，而是几个不同血缘的异姓人。"都老"，是全村全寨人的头人，是在村社的地缘关系上自然形成的规制。它的作用是：第一，主持制定村规民约，让大家共同遵守；第二，维护村寨的社会秩序，调解村民纠纷；第三，维护和掌管村寨的公共财产；第四，组织公益建设；第五，组织集体性的祭祀活动；第六，主持村寨的长老会、村民会，决定村寨的重大事情；第七，组织寨人抵御外侮，代表村寨利益谈判、打官司，接待上官、贵客等。苗族、壮族、侗族都有"寨老制"。
② 广西苗族［EB/OL］. 广西百科信息网. http：//gxi. zwbk. org/lemma - show - 1154. shtml，2011 - 11 - 2.
③ 梁庭望. 壮族文化概论［M］. 南宁：广西教育出版社，1999：391.
④ 李凤玉. 壮族《麽经布洛陀》中和谐价值思想探析［J］. 百色学院学报，2016，29（4）：101 - 105.

（一）以尊"合"为核心的家庭伦理价值观

"三口相同为合。"这里的"合"是指一事物与另一事物相应或相符，每一个事物的相对位置恰到好处，没有过与不及的情况。"合"是自然的、全面的，它包括内外相合、上下相合、左右相合、前后相合等。桂西北壮族，甚至整个壮族都有着以尊"合"为核心的家庭伦理道德观念。就是说，每一个壮族人都处于"合"之中。

首先，在"合"的观念中孝敬老人。

老人是否老而无用、老而可弃呢？壮族人并不认可"老人无用论"。壮族民谚云："村有三老，胜过一宝。"在崇左壮族都有奉行老人优先、尊奉老人的传统，其他地方也大致相同，仅形式不同而已。如有的地方把鸡头、鸡翅等物①敬给老人享用，有的地方第一口酒由老人先饮等。

除苗族有"寨老制"，壮族也有"寨老制"。"寨老"有"村寨之父"之意，通过寨老来治理村里事务。在"寨老制"体系下，壮族把老人放在一个很高的位置。如年少者称呼老人要用尊称，不能直呼其名；路遇老人，男的要称"公公"，女的则称"阿婆"或"婆婆"；若与负重的长者同行，要主动帮助并送到分手处；在就餐入座时要礼让老

---

① 为什么要把鸡头、鸡翅敬（留）给老人呢，这是一个很有意思也很辛酸的话题。笔者认为，这是因为古代老百姓非常穷，难得吃一回鸡肉。一个人口数量较多的家庭仅宰煮一只鸡显然是不够吃的，如何让老人多吃一些，一些地方就把鸡头、鸡翅敬（留）给老人。从而，老人除了与大家一起吃鸡肉之外，还可以获得更多的鸡肉。当家庭成员把鸡肉吃完之后，老人的碗里还留有着鸡头、鸡翅，可以一边吃一边再喝些酒。

人，盛饭时必须双手捧给老人，晚辈不能落在全桌人之后吃饭，等等。①《布洛陀孝亲唱本》《孝祭父母》《孝义经》等流传下来的经书都体现了壮族人对老人的孝顺与尊敬。

在广西靖西一带，壮族妇女在外面做客时，还会包"只买"回家孝敬父母和公婆。"只买"是指用树叶包着煮熟了的肉类食品。靖西一带的壮族人们生活清苦贫穷，平时难得吃上肉类食品。这些地方的壮族妇女赴宴吃喜酒时，往往只象征性地吃一些素菜，荤菜如扣肉、白切鸡等都夹于芭蕉叶等阔叶里，饭后包扎起来拿回家给小孩和孝敬老人。②

其次，尊重妇女的传统。

壮族人一直有尊重女性的传统，传统农业社会中壮族妇女在家族中地位比国内其他民族要高。壮族人尊重妇女的传统与其独特的"花婆"信仰有关。③"花婆"即女神米洛甲④，是生于大地的一朵花，花便成了壮族图腾崇拜的源始。女神米洛甲造人造物，掌管庇佑世间的妇女生育，孩童安全，老者生死。由于女神米洛甲在壮族信仰中极端重要，壮族人天生就对妇女极为尊重，不存在男尊女卑。

在壮族民间麽教经典《麽经布洛陀》经文中，非常强调男女"合

---

① 壮族 [EB/OL] . 中国共青团网 . http：//www. ccyl. org. cn/zhuanti/my_ motherland/ minzu/200908/t20090817_ 282889. htm，2007 – 7 – 18.

② 唐凯兴 . 壮族生活习俗中的伦理意蕴析论 [J] . 百色学院学报，2015，28（4）：93 – 98.

③ 覃青必 . 论壮族传统伦理道德文化及其对民族地区大学生思想政治教育的价值 [J] . 传承，2016，（4）：154 – 156.

④ 壮族神话中，米洛甲是壮族的始母，布洛陀是壮族的始祖。

德"，强调生活、生产及家庭中的"阴阳合德"和男女平衡。《传扬歌》① 则教导年轻夫妇要珍惜"花山结伴侣，结发情义长""爱两不厌，和睦把家当"的爱情。②

在传统社会中，壮族男女结婚后，有"不落夫家"③ 的习俗。入赘婚姻方式也屡见不鲜，"招赘之风，壮族盛行"，"入赘为壮族习俗"④。迄今在桂西偏远的隆林、田林、西林、凌云、凤山、东兰等地还比较盛行。⑤ 壮族对入赘男子没有偏见，不歧视，不用改姓，有财产继承权。这些体现了母系社会的残余婚姻行为。其实，"女"在壮语中原意为"伟大"，凸显了女性在壮族中的地位。

再次，壮族儿女恋爱自由。

壮族传统婚姻伦理具有鲜明特征，主要表现在恋爱自由、婚姻自主、男女平等、贞操观相对开放和宽容、同宗不婚等方面。⑥ 壮族儿女享有着更多的恋爱与婚姻自由，恋爱自由是壮族婚姻最明显的特点。壮族长辈们很少干涉青年男女的恋爱、情感活动。刘三姐歌谣曾唱道："连就连，我俩结交定百年。哪个九十七岁死，奈何桥上等三年。"

---

① 《传扬歌》属于民间长诗，是一部产生于明代的讲述伦理道德的长诗。主要内容是揭露统治者、剥削阶级的不公道行为；论述做人的道德规范和应承担的义务，以及如何处理好家庭内部关系等。《传扬歌》流传于广西马山、上林、忻城、都安等县。
② 梁庭望，罗宾．壮族伦理道德长诗传扬歌译注［M］．南宁：广西民族出版社，2005：151.
③ "不落夫家"：已出嫁的女子，除节日喜庆丈夫专程接回以外，婚后生育以前不能在夫家住。女子要在娘家直至有了身孕才去夫家。除了壮族，大石山区还苗、瑶、侗、仫佬、毛南等民族有此习惯。
④ 柳城县志编辑委员会．柳城县志［M］．广州：广州出版社，1992：435.
⑤ 黄雁玲．壮族传统婚姻伦理特征探析［J］．广西民族师范学院学报，2013，30（2）：15－18.
⑥ 黄雁玲．壮族传统婚姻伦理特征探析［J］．广西民族师范学院学报，2013，30（2）：15－18.

"三月三"是壮族的重大节日之一，是传统骆越文化的主要表现。人们到歌圩场上赛歌、赏歌；男女青年对歌，如果双方情投意合，就互赠信物，以为定情。此外，还通过抛绣球、碰彩蛋、打春堂、掷毽子等活动来表现青年男女的择偶方式。① 壮族青年男女在愉悦、平等的交往中寻求爱情，与现代婚姻自主的风尚相当吻合。

"如果说只有以爱情为基础的婚姻才是合乎道德的，那么也只有继续保持爱情的婚姻才合乎道德。"② 壮族男女婚恋自由，而且对待离婚和女子再婚的态度也是相当开明与宽容。在隆林县，"女子婚后离婚，在社会上是一种正常的习俗，不会遭到歧视和反对"，"离婚案件，绝大多数是由女方提出的"，女子离婚再嫁"完全由女子做主"。③ 在广西龙胜县龙脊乡调查发现，"寡妇再嫁，社会群众及宗族家门，对她们都没有歧视。"④

（二）以崇"揉"为核心的社会伦理价值观

壮族的社会伦理价值观在众多方面都是可以用价值理性来审视。价值理性与工具理性相反，不注重手段、效率、投入、目的，只注重内省、过程。壮族的社会伦理价值观念首先源于宗教，进而是对神的信仰，他们的行为方式更注重责任感、荣誉感和忠诚感等"绝对价值"。壮族所崇尚的"揉"（古代同"柔"）就是这样一种价值理性，"揉"

---

① 壮乡三月三歌节［EB/OL］. 广西档案信息网. http：//www. gxdaj. com. cn/index.
   php? m = content&c = index&a = show&catid = 144&id = 3187，2012－02－21.
② 马克思恩格斯文集（第四卷）［M］. 北京：人民出版社，2009：95－96.
③ 广西壮族自治区编辑组. 广西壮族社会历史调查（第一册）［M］. 南宁：广西民族
   出版社，1984：58.
④ 广西壮族自治区编辑组. 广西壮族社会历史调查（第一册）［M］. 南宁：广西民族
   出版社，1984：13.

是合，是相互之间融合而形成力量，以抗挣命运。

首先，崇"揉"以互助互济。

"揉"是壮族的一种非常重要的传统生产生活习惯。壮语里有"滚揉""多揉"，意思是"相邀互助"，俗称"打背工"。① 一家有事大家帮，无论关系亲疏，尤其是在耕田、种地、收割、建房、婚丧嫁娶等大型活动中。

由于大石山区山地居多，土地被山分割成大小不一、高低不平的块状，地块多面积小。在这种农业生产活动中，壮族人必须非常注重人力协作，才能获得更多食物，因而形成了互助互济的品质。《传扬歌》中唱道："壮家讲互助，莫顾自家忙""春耕待插秧，有牛要相帮，挨家轮流种，合力度大忙。"② 互助互济的品质从农业生产逐渐向大石山区壮族人的各个方面转移与积淀，成为人们生产生活习惯中的有机部分。"揉"文化不仅在壮族存在，在苗、瑶等民族中也广泛存在。

其次，追求柔和有序的社会状态。

壮族人性格温雅，善于学习，工作勤劳，且文化具有涵纳性，壮族人与其他民族交往时往往相处容易而且让人愉快。"左邻或右舍，早晚常相逢，有事当相助，莫用话伤人。"③

在与他人之间的关系方面，壮族人推崇友善人伦关系。"善待他人"，通过柔和的态度来解决问题。"多姓同一村，肚量要宽宏。若发

---

① 张志巧，唐凯兴.壮族经济伦理思想及其当代价值［N］.广西民族研究，2013，(4)：114－118.
② 梁庭望，罗宾.壮族伦理道德长诗传扬歌译注［M］.南宁：广西民族出版社，2005：126－127.
③ 梁庭望，罗宾.壮族伦理道德长诗传扬歌译注［M］.南宁：广西民族出版社，2005：127.

财做官，莫欺负乡邻。愿你财富多，财多自己用，穷人去点债，莫迟疑悭吝。"① 这一诗歌体现了壮族人对待他人价值观上的态度，如果是同一村人当谦让，如果出人头地了不能压迫乡邻，财富多的人家应该"能帮就帮"。这种与他人的关系要求，转而也内向于核心家庭之外的较大家庭圈子。"有事好商量，家庭不添忧。兄弟拧成绳，外侮不临头。"②

对于那些扰乱柔和有序的人，壮族除了通过"寨老制"和"竖岩"会议制等形式处以惩罚外，还希冀通过神灵来惩处他们。壮族人认为，善有善报、恶有恶报。③ 在壮族地区一直流传着一些说法，如果夫妻得罪了花婆或者不孝敬老人，不孝敬父母，与家庭其他成员相处不好，或做了见不得人的坏事，就会多年不孕，或是孕后流产、难产，或是生下来的小孩异形、常生病等；那些不能生育的夫妻也被认为是因为不善良或是前世缺少功德，所以才受到花婆的严惩，用以警醒后人。

再次，以诚待人，热情好客。

"世间仁义值千金。"壮族在诚信品质方面，不贪不占、良心为本，具有很强大的自我内化力。在壮乡，人们守信用，恪守约定，极少有人会失信负约。壮乡人认为"言而无信是人渣"。《传扬歌》也有"一生

---

① 梁庭望，罗宾．壮族伦理道德长诗传扬歌译注［M］．南宁：广西民族出版社，2005：190.

② 梁庭望，罗宾．壮族伦理道德长诗传扬歌译注［M］．南宁：广西民族出版社，2005：133.

③ 钟红艳．壮族自然崇拜中的伦理意蕴研究［J］．广西社会主义学院学报，2016，27（1）：67–71.

来世间，安分走正道"① 之说，表达了壮族人诚实守信的品质。比如，壮族人的骨子里有这样的信念——"宁可饿死，也不讨乞"。行乞，会被人看不起。

在诚信品质下，壮乡人以诚待人表现在生活的各个方面，尤其是热情好客方面。众所周知，壮族是一个热情好客的民族。正所谓"千金难买客登门，杀牛难得亲友来"。过去到壮族村寨任何一家做客的客人都被认为是全寨的客人，往往几家轮流请吃饭，有时一餐饭吃五六家。平时也有相互做客的习惯，比如一家杀猪，必定请全村每家各户来一人，共吃一餐。招待客人的餐桌上务必备酒，方显隆重。敬酒的习俗为"喝交杯"，其实并不用杯，而是用白瓷汤匙，你一瓢我一瓢的相互喂喝。② 客人到家，必在力所能及的情况下给客人以最好的食宿，对客人中的长者和新客尤其热情。这种热情好客的品质到了现代社会仍然持续。如，只要家里举行宴会，对路过家门口的人，无论认识的还是不认识，壮乡人都会热情地邀请他们参加宴会并盛情款待。

再者，柔也成刚，勇敢正直。

壮族也是一个勇敢正直的民族。壮人性格沉稳内向，外表文静、谦和、礼让，不像草原民族那样奔放热烈，但极其勇敢顽强，有一种不露锋芒的锐气和韧劲。他们如没有耐苦的精神，则不能开发炎热多雨、野兽虫蛇遍布的南疆。

"柔"与"刚"相对。在压迫之下，也能形成刚强之力。历史上，

---

① 梁庭望，罗宾. 壮族伦理道德长诗传扬歌译注 ［M］. 南宁：广西民族出版社，2005：127.

② 壮族的礼仪习俗 ［EB/OL］. 中国网. http：//www. china. com. cn/aboutchina/zhuan-ti/zzfq08/2008 – 12/06/content_ 16909353. htm，2008 – 12 – 06.

壮族人民为反抗封建统治发动了无数次起义。其中规模较大、影响较深远的有唐代西原州（左江流域）黄乾曜、潘长安、黄少卿领导的起义，宋代侬智高领导的"南天国"大起义，宋代宜州（宜山、南丹一带）的士兵起义、抚水州（环江县等）的农民暴动和明代壮族农民韦银豹领导的古田县（永福县地）农民起义，以及府江起义、八寨起义等。①到了近现代，金田起义、黑旗军抗法、镇南关战役等事件都有壮族人勇敢奋战的身影，尤其是红七军的创建和右江革命根据地的建立与壮乡骄子韦拔群②联系紧密。

　　壮人热情好客，信守诺言，慷慨助人，开朗上进，和岭南汉瑶苗等各族人民亲如兄弟，这是广西两千多年来民族冲突较少的重要原因之一。不过，由于壮族长期囿于小生产的自然经济，在思想上有封闭保守的一面。很多壮族百姓一辈子窝在家乡，从来没有见过真正的平原。在中国北方地区，几乎没有壮族人的影子；在国外，更少听到壮族人的声音。

　　（三）以尚"和"为核心的生态伦理思想

　　壮族在长期的演进过程中，形成了成熟、稳定的社会结构和文化体系，具有稳定的本民族特色的生态伦理思想。壮族的生态伦理思想的核心为"和"，是人与自然的和谐。壮族生态伦理观的思想基石是"物我

---

① 壮族［EB/OL］. 中华人民共和国中央人民政府. http：//www. gov. cn/test/2006 -04/12/content_ 252057. htm, 2006 - 04 - 12.

② 韦拔群（1894 - 1932 年），曾用名韦秉吉、韦秉乾、韦萃。广西壮族自治区河池市东兰县武篆镇东里村人。壮族。韦拔群于1921 年开始领导农民闹革命后，由于深受各族人民的敬爱，人们群众亲切地称他为"拔哥"。韦拔群是广西农民运动的先驱，百色起义领导者之一，中国工农红军高级将领，中国工农红军第七军和广西右江革命根据地领导者之一。

合一"的自然观和生命观。①

首先，崇拜自然神灵，突出天地人和。

与其他民族一样，壮族的生态观念也起源于神话。流传最广的《布洛陀》神话，带有壮族创世说的色彩。《布洛陀》以诗的语言和形式，生动描述了布洛陀造天、造地、造日月星辰、造火、造谷米、造牛等"造化"过程，告诉人们天地日月的形成、人类的起源、各种农作物和牲畜的来历，以及远古时期人们的生活习俗等。《布洛陀》神话最显著的特点就是把自然与人融合在一起，突出天地人和的和谐宇宙观。《布洛陀》也用"万物有灵"来解释自然现象，阐述人与自然之间的关系，其中内容不乏保持生态平衡，维护人与自然和谐的朴素生态伦理思想。

壮族信奉万物有灵，但对自然的崇拜是多元而复杂的。在神的信仰方面大致有太阳崇拜、月亮崇拜、雷崇拜、火崇拜、水崇拜、土地神崇拜、山林崇拜等。② 崇拜即是尊敬、尊重、维护、爱护自然。虽以神为源，但神亦是人与自然相融之后以人的形象出现。神即是人，人即是神。按马克思的观点，神是人的各种行为的现实景象。通过与神灵共通，壮族形成以天为公、地为母、人为本的宇宙观和天、地、人相亲和相互依存的生态伦理思想。

壮族麽教认为，万物有灵，应该崇拜自然。③ 除了天地神灵之外，以稻为生的大石山区壮族人们还把青蛙当作守护神，守护庄稼。桂西一

---

① 凌春辉. 论《麽经布洛陀》的壮族生态伦理意蕴［J］. 广西民族大学学报（哲学社会科学版），2010，32（3）：90－94.

② 李富强，潘汁. 壮学初论［M］. 北京：民族出版社，2009：253－261.

③ 黄桂秋. 壮族麽文化研究［M］. 南宁：广西民族出版社，2006：36.

带流传的《蚂拐歌》，就讲述了青蛙与壮族人的亲密关系。《蚂拐歌》里这样唱道："布洛陀就讲，姆六甲就说，蚂拐①是天女，雷婆是她妈，她来到人间，要和人通话……"② 因此壮族先民对青蛙万分崇敬，青蛙具有了其自身的生态作用的身份——沟通天地，从而保障稻作生产能够顺利进行直至丰收。在东兰、巴马、凤山等地，每年春节来临之际，都会先过"蛙婆节"③，尤以东兰县红水河两岸的村寨为盛。

其次，讲求万物同源，众生平等，善待万物。

人是否高于其他物种？在近现代社会观念中，形成了"人类中心主义"，并被无限拓展。但是，否认人类高于其他物种的声音也不绝于耳。人与万物是否平等，在壮族信仰中与现代性相悖。壮族人们认为万物同源、众生平等。

因自然环境的恶劣，壮族先民对自然产生了敬畏观念。为了能从所居所的地理环境中获得更多的生存生活资源，壮族在生产生活中确定了人与自然关系的行为、语言等禁忌。如在有神树的地方不得开荒、耕种、打猎、破坏山体，村庄周围大树不得砍伐，禁止在泉水、龙潭洗脸洗脚，否则会带来灾祸。尤其是在大石山区，随意砍伐树林、毁坏田地是要处以很严重的惩罚。壮族有"竜树""竜山"崇拜。"竜"有森林的意思。壮族崇拜山林，以林中大树作为村舍的保护神树，俗称"竜树"。这些树是他们的保护神，保护着整个村寨的平安和各项农作物的

---

① 蚂拐是青蛙在桂西北一带的叫法。

② 丘振声. 壮族图腾考［M］. 南宁：广西教育出版社，2006：52.

③ "蛙婆节"，也称"青蛙节"或"蚂拐节"。它是东兰壮族人民以村寨为单位，在每年正月期间自发举办的、以祈求新年风调雨顺、人寿粮丰、六畜兴旺为目的的最隆重的传统文化活动。传统的"蛙婆节"活动一般从正月初一开始，至月末结束，历经请蛙婆、孝蛙婆、游蛙婆、葬蛙婆四个环节，为时近一个月。

丰收。在壮族地区，"竜树"禁止砍伐。

壮族的"牛魂节"则是善待万物是具体表达。"牛魂节"又称牛生日、牛王节、脱轭节，是壮、侗、仫佬、仡佬等民族祭祀牛神的传统节日。多在每年农历四月初八，也有在六月初八或八月初八举行。这一天，农家会给牛放假一天，各家各户把牛栏修整一新。村老们对全村的牛评头品足，并告诫各家要爱护耕牛。家家蒸制五色糯饭，用枇杷叶包裹喂牛。有的地方还在堂屋摆上酒肉瓜果供品，由家长牵一头老牛绕着供品行走，边走边唱，以赞颂和酬谢牛的功德。这一天，各家各户把牛喂饱后，全家人才吃节饭。20 世纪 70 年代以来，"牛王节"中的敬牛神色彩已渐淡薄，但敬牛护牛之风犹存。

再次，崇尚节约、适度索取的生态循环观。

"为了生活，首先就需要吃喝住穿以及其他一些东西。因此第一个历史活动就是生产满足这些需要的资料，即生产物质生活本身，而且，这是人们从几千年前直到今天单是为了维持生活就必须每日每时从事的历史活动，是一切历史的基本条件。"① 大石山区的壮族人一睁眼就不得不面对他们的"吃喝住穿"，但是艰辛的劳动在恶劣的自然环境中并不能完全获得"吃喝住穿"的全部，在没有外界的推力下，节约是前提，适度索取是不得已的手段。壮族盘古神话等许多传说"既反映了壮族先民为了生存和发展，不断与大自然和困难作斗争，在斗争中从自然王国走向必然王国，同时也寓意人类若违背了自然规律，必将会受到大自然惩罚（天下大旱或洪水淹天），同时也反映了壮族及其先民顺应

---

① 马克思恩格斯文集（第一卷）［M］．北京：人民出版社，2009：531.

自然规律，追求与自然和谐共存的自然观"①。

贫乏之地，节约是王道。通过节约就能减少对生态的需求量，也就减少了对生态的危害。节制贪欲成为壮人推崇的一种美德。《传扬歌》就教导人们不要"六月谷未熟，赊粮做干饭"。人们相信"有林才有水，有水才有粮"的古训。因而，有"近水不得滥用水""砍伐要舍近求远"等习惯法和禁令。

不滥用、不滥采、不滥伐，为子孙后代留活路。壮族人们在与自然相处中形成了"森林—水—稻—人—森林"这一轮回的生态平衡的基本法则②。壮族人民与自然共处的结果充分体现了壮族人民与自然相处的智慧。

三、苗族传统文化中的伦理价值观

苗族，一个苦难的民族。澳籍历史学家格迪斯说：世界上最苦的民族是犹太族，而比犹太族还苦的一个民族，是苗族。苗族作家南往耶写道："苗族是一个不断被驱赶甚至被消灭的民族，但他们一直没有对生命和祖先放弃，自五千年前开始，爬山涉水，经历千难万苦，从中原逃到云贵高原和世界各地，朝着太阳落坡的地方寻找故乡，用血泪养育古歌和神话，没有怨恨，把悬崖峭壁当作家园，梯田依山而建，信仰万物，崇拜自然，祀奉祖先，感谢仇人。"③

---

① 覃彩銮. 盘古文化探源：壮族盘古文化的民族学考察［M］. 南宁：广西人民出版社，2008：199.
② 凌春辉. 论《麽经布洛陀》的壮族生态伦理意蕴［J］. 广西民族大学学报（哲学社会科学版），2010，（3）：93.
③ 南往耶. 南往耶之墓［M］. 北京：作家出版社，2013：123.

（一）朴素平等的生命伦理观

苗族生命观念里有"物我混一"的特点。[1] 在苗族生成过程中，基于环境影响，形成了人类自然起源观，得出了"枫木—蝴蝶—人"的生命逻辑。[2] 苗人认为，枫树衍生出蝴蝶，蝴蝶下了12个蛋，蛋孵化出了天上神灵、人世间禽兽生物和各色各类的人。苗人把天上的神仙，地上的飞禽走兽、花鸟鱼虫视为他们的同胞兄弟和至亲姊妹。[3] 因而，在苗族文化中很难认定人类生命的主体地位，苗族不把自己视为解放他（它）者的主体，反而认为自身需要他（它）者的解放与救赎。苗人不是主宰世界的主体，认为人与动物、植物都是平等的。在这一生命平等观下，苗人把动物视作兄弟，与动物、山水构成了一个和谐的生态环境。

生命平等的观念通过祭祀来加以保全。传统村落社会中的"土著苗族，一生农耕生活，农人所望，便是吃新。于此佳节，处处均不能忽视。除办鱼肉酒饭外，还将禾胎、新苞谷、豆荚、茄子、辣子、苦瓜陈列于家龛之前及当坊土地神神祠内祭之。未吃饭前，将所有菜肴各取一小份并盛饭一碗，先敬送狗吃，传说狗有大恩，救济吾人，吾人之谷种，是狗带来的。故敬之以表酬报之盛意也。"[4] 这种将食物与家禽供奉起来的伦理观，表达了苗人对生命的祈求。

苗人进而认为，人与人之间（特别是族内）是平等的，不应该存

---

① 何圣伦，石雪. 苗族生命伦理观与苗族和谐文化［J］. 重庆工商大学学报（社会科学版），2008，25（4）：67–69.

② 何积全. 苗族文化研究［M］. 贵阳：贵州人民出版社，1999：113.

③ 何圣伦，石雪. 苗族生命伦理观与苗族和谐文化［J］. 重庆工商大学学报（社会科学版），2008，25（4）：67–69.

④ 石启贵. 湘西苗族实地调查报告［M］. 长沙：湖南人民出版社，1986：153.

在高低贵贱之分。这是苗人传统的平等观、自由观。在苗人的伦理观念中，更看重生命的存在，甚至高于存在方式，尽量淡化高低贵贱，突出生命的尊严。①

苗人普遍崇拜神明。如，求雨的"祭龙"，保佑地方清洁、人畜平安的"招龙"，求家道兴隆的"接龙"，祈求龙神庇佑风调雨顺、普泽万民的"安龙"等仪式。苗人普遍信鬼祭鬼，有"苗俗信鬼"之说。

"有德之人，必怀敬畏之心。"在苗族的生命伦理中，生命是值得敬畏的对象，因此在苗族村落社会的日常生活中，苗人对生命物类的攫取常伴随着一些自然宗教仪式，以此来解决人与他者的冲突。例如，苗医采药时要先焚烧香纸进行必要的祭祀，才能采集，否则将用药不灵或采药过程遭遇猛兽毒蛇的伤害。再如，苗人把食物看作与生命同等重要的东西②，谷物不仅是食物的来源，还是神性得以表达的载体。

苗族的生命观认为，健康的活体生命是"魂身"与"肉身"二者共同组成的。二者紧密相连，相辅相成。当身体出现异样或精神失常时，苗人普遍认为这是丢了魂或是灵魂出壳（即魂身脱离了肉身，被某一他体生命所劫持）的结果。他们认为，遭惊吓或被魔鬼劫魂，是引起丢魂或灵魂出壳的主要原因。因而，健康的生命存在是灵魂与肉体的共生形式。③

---

① 何圣伦，何开丽. 苗族生命伦理观与沈从文的侠义叙事［J］. 西南大学学报（社会科学版），2011，37（4）：55－60.
② 麻勇恒，范生姣. 对生命神性的敬畏与遵从：武陵山区苗族的生命伦理［J］. 铜仁学院学报，2016，18（2）：63－70.
③ 麻勇恒. 传统苗医治病用药特色及其生态智慧解码［J］. 原生态民族文化学刊，2012，（3）.

（二）恋爱自由、婚姻自主的亲情伦理观

苗族男女青年谈情说爱，以歌为媒、自由自主、最重情义。① 湘西《永绥厅志·苗恫》载："其处女与人通者，父母知而不禁，反以人爱其女之美。有时女引其情郎至家，父母常为杀鸡款待，甚有设公共房屋，专为青年男女聚会之用者。"②

在由认知到恋爱的过程中，苗族青年往往通过歌声来传达对对方的爱慕。在歌声中，青年男女大胆追求、抒发人的自然本性，不虚伪、不遮掩、不做作，是对爱情的追寻、对人性自然的推崇。融水苗族自治县的男女青年一般通过"坐妹"（即到女方家的火塘边谈心、对歌等）确立恋爱关系。确定恋爱关系后的苗族青年，不能像没有确定恋爱对象的青年男女那样再去"游方"③。

苗族越是聚居地区，越是婚姻自主，婚姻通过青年男女参加"游方"社交活动来实现。即使有父母包办，只订婚而未结婚的，也可以自由参加正常的"游方"社交活动。④ 苗族也有再婚自由，寡妇改嫁可带走年幼子女和部分财产。不过，苗族再婚的入赘者少。

（三）富于反抗的民族观

苗族的历史，可以说是一部斗争史。苗族是一个在非常巨大的外族

---

① 郑英杰．苗族伦理思想初探［J］．吉首大学学报（社会科学版），1988，（3）：43－48.
② 郑英杰．苗族伦理思想初探［J］．吉首大学学报（社会科学版），1988，（3）：43－48.
③ "游方"又称"友方"，是苗族青年男女进行社交、文娱活动的一种形式。男女青年通过"游方"寻觅对象。一些男青年到几十里，甚至上百里的村寨去游方。
④ 苗族有什么风俗礼仪？ ［EB/OL］．搜狗问问．https://wenwen.sogou.com/z/q180181693.htm，2010－02－16.

压力下不断迁徙的民族，灾难使他们感到生存的艰辛，随时都有生存的危机。为了生存，苗族不断在压迫中反抗，在反抗中坚定信心。列宁指出："一切民族压迫都势必引起广大人民群众的反抗，而被压迫民族的一切反抗趋势，都是民族起义。"① 苗族的反抗精神史籍记载，"三十年一小反，六十年一大反"。翦伯赞在《中国史纲》也有描述，"秦代吞巴并蜀灭楚，于是，川湘鄂的诸苗，遂相率避入深山穷谷之中，与鸟兽处，而不肯投降。但他们仍然在艰苦的环境中，继续其族内的繁殖。"

汉朝时期，苗族居住地以武陵为中心，又被称为"武陵蛮"。东汉建武二十三年（47 年）至中平三年（186 年）对"武陵蛮"② 用兵达12 次，最后以老将马援率兵 4 万余人被困死于武陵境内的"壶头山"（今湖南沅陵县境）才使镇压告一段落。③ "五胡乱华"时期，苗族继续向西深入今贵州，向南进入今广西。北宋理宗年间（1225—1264），融水的苗族人民和壮、汉族人民联合起来反抗封建统治阶级。明朝隆庆五年（1571 年），庆远（今宜州）的苗族人民和侗、瑶、壮等民族人民一起，发动了 300 余人参加的起义，活动于桂北一带。在清朝，苗民为反抗清廷的民族压迫与剥削，相继爆发了"雍乾""乾嘉""咸同"三次民族大起义。如清咸丰同治年间（1851—1874），贵州苗族人民在张秀眉等人的领导下，举行声势浩大的起义，融水元宝山周围的苗族人民参加了战斗。1916 年，隆林一带的苗族人民在苗族妇女杨刚奶的领导下，联合当地的壮、彝等族人民起来反抗封建军阀。抗日战争和解放

① 列宁全集（第二十三卷）［M］. 北京：人民出版社，1990：55.
② "武陵蛮"里包括了大部分苗人。
③ 戴华. 苗族［M］. 乌鲁木齐：新疆美术摄影出版社，2010：12.

战争时期，苗族人民都积极支援和参加了战斗。

四、基于德孝文化的瑶族伦理价值观

"孝"之道在于先尊后卑、先长后幼、先人后己、先舍后得。"德"乃善之首，出乎内心的自然法则。"孝"之前冠以"德"，表示这种"孝"非做作，而是法于"自然"、法于社会之序、法于内心之律。瑶族自古以降，在历史中逐步形成了本民族极具特色的德孝文化。这种德孝文化一方面维系着本民族的文化特征，另一方面使本民族能够在复杂艰辛的历史中实现族群传递。桂西北瑶族地区在历史的长河中生成独特的德孝文化。尊祖德孝文化包括对本民族祖先与家庭祖先的尊崇。代际德孝与尊老德孝形成了瑶族的伦理德孝文化。里邻德孝文化实现了责权共担共享与互尊互信互享共处的伦理准则。自然德孝文化对万物普遍尊崇，不忘初心。瑶族德孝文化对当代社会建设、社会治理、生态补偿等诸多方面具有重要参考价值。

（一）尊祖德孝文化

华夏民族尊崇每一位开创本民族的祖先，也想像祖先给本民族带来的荣耀。瑶族作为华夏民族的一支，对本民族起源的传说世代流传、对祖先的感恩世代接力。

1. 尊崇民族祖先

每一个民族在讲述本民族的历史时，都会对本民族的创始人予以无限崇高的尊敬，无论本民族创始人来自历史考证还是神话传说。都安、巴马等地瑶族的"达努节"就是这样一种尊祖的仪式。"达努节"是为了纪念祖先的大恩大德流传相下来的。相传密洛陀（女神密洛陀有着

开天辟地、创造人类的业绩）的三儿子听从母亲的话，"五月二十九是妈的生日，那天要带儿孙媳妇来给我祝寿，你们就会丰衣足食，过上幸福的生活"。密洛陀的三儿子按此意给老母祝寿。瑶族称汉族的老母为"达努"，有"不要忘记"的意思。现在，到了五月二十九这一天，瑶山村寨杀猪宰羊，吹着唢呐，敲起铜鼓，唱起祝酒歌和撒旺歌，纪念祖先。

另一传说中，相传瑶族祖先是"一只眼亮毛滑，身披二十四道斑纹的龙犬"①，后来应征高辛王皇榜，龙犬前往海外打败番王并咬下番王头颅回朝，高辛王将三公主许配给龙犬，封龙犬为南京十宝殿盘护王，俗称"狗王"。盘护王与三公主共生下六男六女，形成瑶家十二姓。盘护王在一次打猎中，被一只受伤的大公羊撞摔下山崖丧了命。于是，剥下了大公羊的皮并制成了黄泥鼓。三公主说："狠狠地敲它，重重地捶它，让你们的父王在九天之上都听得到，这才是我们的敬意。"后来，黄泥鼓一代一代传了下来。在各种节日、庆典祭祀时，瑶族人们都会敲打黄泥鼓，唱盘王歌，以此来缅怀祖先。除了祭祀盘古王之外，瑶族还有六庙神（连州庙唐王圣帝、伏灵庙五婆圣帝、福江庙盘王圣帝、行坪庙十二游师、造司庙五旗兵马、扬州庙宗祖家先）的祖宗崇拜。②

起于神话的民族创始人，瑶族人们将其具体化，让其与人们的生存情势相适应，在这种具体化过程中又对其进行了抽象，形成一种图腾式的崇拜。随着瑶族人民与现代性碰撞的增加，本民族祖先的神化色彩在

---

① 陈源主编. 瑶族［M］. 乌鲁木齐：新疆美术摄影出版社，2009：135.
② 李默. 瑶族历史探究［M］. 北京：社会科学文献出版社，2015：216.

减弱，然而对祖先尊崇的文化依然强劲地持续着。

2. 尊崇家庭祖先

每一户家庭，包括围绕家庭延续的家族，有着自身认可的祖先群。如清明时节，汉族群体中的许多人不一定会祭祀黄帝、炎帝、蚩尤等上古祖先，大多数人却会对近一两百年来家庭的祖先进行祭祀，尤其是在农村地区、城乡结合部。又如在中元节（俗称鬼节、七月半），哪怕是城里人也会在某一道路路口选一角落用石灰在地上画一圈，然后在圈内焚烧各种纸钱，以祭祀祖先。以家为单位的祭祖习俗是中元节的主要内容。瑶族家庭对先祖同样十分尊敬，一般在进餐前会先念祖先姓名，以示让祖先先尝，之后才开始进食。每逢节日，瑶族人民必备猪肉、鸡、鸭和酒等祭拜祖先。特别是在过大年祭祖时，一些瑶族家庭通过隆重的仪式来表达对祖先的思念。如南丹大瑶寨白裤瑶有一家老小集中于大门内，由家长祈祷，一一诵念祖先名讳，表示一一列请；念祖先名讳时，由远及近按辈进行，能念出的辈数越多，表示子孙越聪明，越有孝心。还有的地方，甚至儿辈的结婚日期都不得与父母死葬的日期重合。

（二）伦理德孝文化

每一个人都生活在亲情伦理中，并依赖这种亲情伦理实现代际传递。"百善孝为先"，这种"孝为先"正是中华优秀传统文化之一方面。孝体现在哪里？在实际的生活中，最核心的方面是家庭伦理的秩序化。瑶族人民在物质匮乏的生存环境中，形成了自身的现世孝文化。

1. 代际德孝观

人类进入父系社会之后，代际之间关系逐渐明确化。不像父系社会之前的血婚制、伙婚制那样，子女不知道父亲是谁，父亲不知道子女是谁。父系社会出现的偶婚制、专偶制实现了父亲与子女的血缘对应。父亲与子女是直接的、一对一或一对多的权利与义务关系。随着文明社会的到来，父母与子女之间的伦理关系具体化、规范化。瑶族社会长久以来，已经形成了一夫一妻制的家庭关系。在家庭中，父辈与晚辈之间的伦理关系是十分明确的，也符合朴素生活情势的要求。

"天大地大父母为大。"孝是瑶族人们处理家庭内部关系的基本道德规范，瑶民认为只有孝敬父母的人才能在外面尊重他人，这种人同样是值得他人尊重的。哪怕是在家庭内部由于人口增长须分家，在利益面前，对父辈的孝敬仍是最重要的。在南丹大瑶寨村寨中，如果家庭兄弟进行分家，虽然兄弟、父母各占一份，但是习惯上父母与幼子所得的田地质量较好，数量稍偏多，以示照顾。分家后，父母愿跟儿子中的谁居住由其自择。① 一些地方的瑶民根据国家新法规还更新了孝敬父母的村规民约。如广西《金秀瑶族自治县村规民约》（1999 年）中就有"破除生男才能传宗接代的观念，子女应尽赡养老人的义务，不得歧视、虐待老人"的条款。②

2. 尊老德孝观

瑶族把尊老视为一种美德，凡事要请教老人，有争论的地方也要由老人评判、做主，经老人商定后的事情，年青人要遵守执行。吃饭时，老人和尊敬的客人坐上座，后辈们不可抢座。有的地方饮酒时，先由老人喝，依次按辈分、年纪轮喝。因而，有"深山看大树，瑶家敬老人"

---

① 《中国少数民族社会历史调查资料丛刊》修订编辑委员会编. 广西瑶族社会历史调查（修订本）[M]. 北京：民族出版社，2009：32.

② 莫金山编著. 金秀瑶族村规民约 [M]. 北京：民族出版社，2012：114.

的俗话。为了更好地让年轻人尊敬、孝敬老人，金秀大瑶山五个瑶族支系有着"度戒"这一仪式。"度戒"也称"过法"。大多数瑶族家庭的男孩，在成长到十二三岁时，须行成人礼，领受一次伦理道德教育——度戒。度戒时，度师传给弟子许多戒律。受戒者必须严禁会客、社交、唱歌等，只能低头修身养性，吃清淡无油的饭和水。在受戒仪式中，度师要对弟子进行族史、族规、社会道德、律令等多方面的教育。真可谓，尊老"从娃娃抓起"。

"老吾老，以及人之老；幼吾幼，以及人之幼。"瑶族德孝由内至外，形成了一种有秩序的德孝文化。这种因家庭内的德孝向社会的德孝衍生，是瑶族文明中德孝文化的宝贵之处。

（三）邻里德孝文化

人类的每一个个体不可能脱离群体而生存。"南岭无山不有瑶。"瑶族作为山地民族居住分散，大的村寨可能百人以上，一些小的自然村不过三两户人家。分散居住并不影响瑶族人们的交往。为了实现分散居住能够形成团聚力，瑶族人们对邻里之间的伦理关系十分看重。

1. 寨内责权共担、共享

瑶族是一个勤劳的民族，尽管桂西北瑶族居住的地方自然资源丰富、环境优美，但是在生产方式相对落后的条件下却是"穷山恶水"，难以获得个人及家庭的全部生存资料。在新中国成立前，许多瑶民一年的劳作除了缴纳各种税捐之外，剩余的粮食有时还不够半年消费。同时，广西许多瑶族地区近几百年来一直受土司制度的剥削，生存境况更是困难。为了保障本民族的生存及人口的繁衍，必须尽最大可能地调动现有的资源来确保个人及家庭的生存率，生成一套成员们共担共享的机制。

在南丹县大瑶寨村寨里，一种"油锅"组织因势而生。"油锅"又称"破卜"，意为"大家同锅吃饭，有事互相帮助"。每寨都有"油锅"组织，较大的村寨还以姓氏建多个"油锅"组织。"油锅"设有定期会议，一般在每年春冬两季举行，内容是以安排和总结全年劳动生产为主，也讨论锅内组织日常需要解决的问题。① 凡参加"油锅"组织的成员，权利与义务共享，由头人带头或监督，大家共同执行。如成员内，不论谁家有婚丧嫁娶、盖房、疾病等，各家各户须互相帮助，不履行义务者，将被组织革除。对某些土地，主要是质量较好的水田和畲地还实行共有制，称为"油锅田"或"油锅地"。田地权由组织全体成员共有，收益按成员户平均分配。通过"油锅"组织，组织成员在权利与义务方面通常能够达成一致，形成成员内部以德促行的整体性。在新时期，"油锅"组织慢慢自然解体，然而村寨内那种互动行为依然保持。在《金秀瑶族自治县村规民约》中，规约了"村民之间要互尊、互爱、互助，和睦相处，建立良好的邻里关系"。②

2. 邻里互尊、互信、互享

瑶族人们有着浓厚的重情感恩之心。虽然处在大山深处，瑶族人们经常缺衣少食，但是对他人从不吝惜，尽其所能地款待与帮助，甚至对待陌生人也如此。"进门都是客"，在待人接物方面，遇有客人都以酒肉热情款待。甚至对于佳肴的食用次序也有一定的讲究，如有些地方会

---

① 《中国少数民族社会历史调查资料丛刊》修订编辑委员会编. 广西瑶族社会历史调查（修订本）[M]. 北京：民族出版，2009：32.
② 莫金山编著. 金秀瑶族村规民约 [M]. 北京：民族出版社，2012：113.

把鸡冠献给客人。有时，对于新客或尊贵的客人，本村寨德高望重的长者还会向客人敬酒，视为大礼。对于他人的求助，也是尽力帮助。如瑶族的盐文化即是此证。盐在瑶族中是请道公、至亲的大礼，俗叫"盐信"。桂北瑶族地区不产盐，盐又是不可或缺的东西，为了获得盐，瑶民曾付出很大的代价，形成了特色的盐文化。凡是接到"盐信"者，无论手中有多重大的事情，必须放下，准时赴约。

　　在金秀大瑶山，由于资源的贫瘠，还形成了许多特色的互尊互享处世之道。如，家里如无人时，只需用木棍横插在大门上，外人就不会乱闯；因有他事，将个人衣物、饭包等放在路边，决不会有人拿；村民们将谷仓建在村外，也极少出现偷盗现象；在山上，只要在某物上（柴草、香菇、获猎物等）标上一个茅标（用茅草打一个结），谁也不去动它；打获的猎物一般平均分配所有狩猎者，甚至包括仅助呐喊的路人；一家有事，四邻八舍及远道亲友会主动前来帮忙，不取分文，只需款待一顿饭食；对于修路搭桥等公益事业，瑶民都主动参与，这些情况在瑶族地区普遍存在。①

　　一个人一生当中，除了自己的亲人之外会遇到许多其他人其他事。如何处理这种外在关系，一般会形成两种"团结"。在现代社会中，由于分工的扩大与精细化，每一个个体都处在某一固定的角色上，一环衔一环，涂尔干将这种社会状态称之为"有机团结"。"有机团结"因个人之间日益扩大的差异需要互补、互相依赖而构建。与"有机团结"相异，在传统社会中由于分工程度低下，个体之间同质化，个人与社会

---

　　① 莫金山编著. 金秀瑶族村规民约 [M]. 北京：民族出版社，2012：6.

的关系是直接的，共同的经验和共享的信念使他们相互结合，这种团结称之为"机械团结"。简单来说，"有机团结"产生了陌生人社会关系，"机械团结"是熟人社会关系。"有机团结"代替"机械团结"是资产阶级社会用冰冷的大机器工业代替"温情脉脉"家庭农业生产的过程，这是一种必然趋势。然而，剥开那种效率第一的机器生产背后是人们对亲情、对尊重的迫切渴望。对于长久生活于集体主义中的人们，在被快速抛向现代性之中，也非常需要一种对人的认同。邻里关系是瑶族传统文化的一部分，对他人朴实大方、热情好客、道不拾遗、夜不闭户、助人为乐，以熟人关系为连结，达到了一种相对稳态的社会关系。这一社会关系所带来的后果尽管没有现代奢华生活，也能自得其乐。

（四）自然德孝文化

大山中的瑶族人们与自然共生长，对自然尊崇，不以人为自然的中心，将自然作为自然资本来获取生产生活资料，形成一种自然德孝观。

1. 自然万物的普遍尊崇

瑶族自古有"万物有灵"的自然崇拜思想，认为一草一木、一山一石都有神灵，要对这些神灵顶礼膜拜。有学者统计，瑶民信的神类 5 位，仙类 10 位，精灵即巫师作法的唯一对象有 69 位。① 众多神灵被通过各种仪式表达出来，除了对自然的不了解之外，也是一种主客互通、物质与精神相融的生存之道。

基于自然原生材料对瑶族生产生活的关键性影响，瑶族人们更愿意将自己与自然等同起来，或像孝敬父母一样恩对自然，或像尊敬老人那

---

① 李默. 瑶族历史探究［M］. 北京：社会科学文献出版社，2015：186.

样采取某种仪式让自然万物指引生产。在这方面，瑶族人民有着丰富多彩的仪式。广西百色一带的山子瑶有崇拜牛神的习俗，每年正月十五给祖宗烧香的同时给牛栏烧香。为了让体弱多病的小孩健康成长，南丹等地瑶民认拜树木，认为可以使小孩从树木那里获得强大的生命力，达到"天人合一"。过去，瑶族村寨旁都有一片"神林"或一株古树，这些都被认为是灵物，严禁砍伐或在此大小便及亵渎神灵，瑶民常在这些地方烧香、祭祀，祈求神灵保佑人们平安。① 在生产方面，南丹县大瑶寨瑶族种植作物要敬"五谷神"，向神祇祈求风调雨顺、五谷丰登；环江县长北乡后山瑶族敬奉社王（土地神或生产之神），认为社王是保护禾苗的神祇。瑶族人民与自然的带原始性的崇拜活动，达到了对自然万物的普遍尊崇。

2. 不忘初心，德孝自然

人们获取各种生活资料的最初原因是什么呢，是为了饱腹，为了挡风遮雨，不是为了杀伐。这是"初心"。一般来说，少数民族走的是"生产＝消费"之路，即产量与消耗量相均衡，对物的需求基本建立在"刚够就行"观念之上。正如瑶族对于一些不正常的自然现象不理解，认为是神灵作怪，正是这种对自然的无知产生了对自然的敬畏。人们在生产生活过程中，形成了不乱砍滥伐、禁涸泽而渔、夏猎冬藏、捕大放小等与自然共生共长的生产生活方式。

瑶民敬畏生命、追求众生平等，希望与自然达成和谐。如，在宰杀动物之前用祈祷和献供物等方式向"动物谢罪"，这一过程也是不断内

---

① 周世中. 西南少数民族民间法的变迁与现实作用——以黔桂瑶族、侗族、苗族民间法为例 [M]. 北京：法律出版社，2010：70－71.

省的过程。都安、大化一带瑶族认为，树木有神灵，叫"愣挡"，意为树神。瑶民认为，入山伐木时，执斧人必须声明："这树太老了，我们来种幼苗替换你。"伐木后，须在树桩旁栽一棵小树或小草，以示交换，使自己免受惩罚。人们平时做饭所用柴木，都是细枝杂柴，凡伐大树者必先敬树神。这些仪式表明，他们大多有着循环再生产的生产消费观，构成了他们的生态伦理文化。①

不忘初心，要求我们不要忘记最初的那颗本心。当人类从自然中走出，似乎一步步在远离自然，成为"万物的尺度"，成为唯一不需要通过改变自身基因来适应环境而是通过改变环境来适应自身的动物。然而，就像吉登斯所说的那样，这个世界"并没有越来越受我们的控制，而似乎是不受我们的控制，成了一个失控的世界"②。人类多控制这个世界一分，人类就越失去这个世界一分。瑶族人们的生产生活习惯因未受到现代性的强烈对抗，仍然保持着人与自然的整体观，没有"忘记来时的路"，一颗"初心"还在。

(五) 瑶族德孝文化的当代价值

瑶族是一个苦难的民族，他们与大山相居，穷山恶水自繁衍，写就了自身的德孝文化。通过对瑶族德孝文化四个方面的论述与总结，基本可以发现这些德孝文化的自然性、非系统性、原初性，当然从现代性角度来看存在着滞后性。那么，撇开一些落后的德孝观念，瑶族德孝文化对当代社会建设、社会治理、生态补偿等诸多方面具有重要的价值。

---

① 郭京福，左莉. 少数民族地区生态文明建设研究 [J]. 商业研究，2011，（10）：143 – 145.
② 安东尼·吉登斯著. 周红云译. 失控的世界 [M]. 南昌：江西人民出版社，2006：23.

1. 对社会建设的当代价值

当代社会建设重在和谐。瑶族德孝文化最核心的内容即为和谐，即人与自然的和谐，将自然视为祖先，"孝"物如"孝"人，把自身看作自然的一部分，又视自然为所在社会的一部分；人与社会的和谐，无论逝者留者、远亲近邻、长幼尊卑都有秩序开展社会活动，无论对个人财物还是他人财物，不贪不恋，各取其所；人与自身的和谐，无论是贫困还是富裕，无论是压迫还是生存资源匮乏，瑶族人民都怀有积极的生活心态，并念念不忘为民族兴起而奋力。瑶族德孝文化所蕴含的和谐内容能够为当前社会活动的一般价值观提供一定的标准，通过提炼、提升融入社会主义核心价值观，更能起到丰富社会主义核心价值观内涵的作用，并在当代社会建设中获得新的生命力。

2. 对社会治理的当代价值

社会治理区别于社会管理，治理通常采用的形式是对等的双方就某一问题展开协商，以期问题明确，过程平等，结果公平、公正。在瑶族社群中，问题、矛盾经常出现，当问题、矛盾出现之后，往往不是堵而是疏。在问题解决的过程中，由社群里最有权威的长者主持公道，让矛盾的双方都拥有表达意见的权利，尊重个人意见。对无法达成一致意见的地方，由双方当事人选择都愿意接受的方式进行再谈判，以期达到问题的解决。问题解决的后期，双方当事人基本都能得到一个可以接受的方案。如果双方中一方被认为是弱势群体，往往还会给予某些照顾。这种带有协商性的瑶族德孝文化与伦理观为当代社会治理提供了有益的参考价值。这种价值在于双方对问题能经过充分的慎思与讨论，防范利益冲突阻碍问题的解决，建立一种积极信任。"对话民主的结果上，对话并不一定要达成共识，它本身就有价值，它为相互容忍、相互理解奠定了基础。"①

3. 对生态补偿的当代价值

由于对资源与环境的滥用，地球的自我修复能力被认为正在减弱，这种减弱的标准是地球无法自动地、机械地满足人类需求。为此，必须进行以人类为中心的干预，这种干预被称为"生态补偿"。从现有的生态补偿理论与实践来看，更多地是集中于工具理性与经济实践，也就是说未能摆脱"人类中心主义"。瑶族德孝文化中的价值理性、"天人合一"观念却能够从非经济角度达成生态的可持续性。这未尝不是对生态补偿理论与实践的一种有益补充。

瑶族德孝文化是瑶族伦理价值观的重要部分，反映了瑶族人民处理家庭内部、人与人、人与自然之间的一种自然辩证关系。尽管如此朴素，也如此艰辛，却也意义重大。与瑶族伦理价值观类似，壮族、苗族的伦理价值观也存在着朴素生态文化观、朴素生态人际观，他们的朴素生态文化观、朴素生态人际观是广西生态文明建设的理论创新的重要前提，是广西生态文明建设的试金石。

---

① 道格拉斯·诺斯著. 陈昕，陈郁译. 经济史中的结构与变迁［M］. 上海：上海三联书店，1994：58.

第三章

基于历史规律的大石山区朴素伦理价值观演变

生产力与生产关系、经济基础与上层建筑的矛盾运动规律，是马克思主义分析民族发展的根本理论之一。作为上层建筑重要内容的伦理价值观必然为那个时代生产力、生产关系、经济基础、交往①所决定，又反映那个时代。

随着现代性的凸进，大石山区少数民族的伦理价值观在许多方面正发生着急剧变化。笔者2015年曾以生活在大石山区124位少数民族人民为问卷调查对象，尝试从生产方式、生活方式、制度文化和外界等四个方面的变化着手分析大石山区少数民族的伦理观和价值观变迁情况。

① 马克思明确地对"交往"予以界定是在1846年12月28日致帕·瓦·安年科夫的信中，马克思指出，"为了不致丧失已经取得的成果，为了不致失掉文明的果实，人们在他们的交往 [commerce] 方式不再适合于既得的生产力时，就不得不改变他们继承下来的一切社会形式。——我在这里使用'commerce'一词是就它的最广泛的意义而言，就像在德文中使用'Verkehr'一词那样。例如：各种特权、行会和公会的制度、中世纪的全部规则，曾是唯一适应于既得的生产力和产生这些制度的先前存在的社会状况的社会关系。在行会制度及各种规则的保护下积累了资本，发展了海上贸易，建立了殖民地，而人们如果想把这些果实赖以成熟起来的那些形式保存下去，他们就会失去这一切果实。"（马克思恩格斯文集（第十卷）［M］.北京：人民出版社，2009：43 - 44.）可以看出，交往这一范畴所包含的内容是十分广泛的，规则\制度及其传承与变革是"交往"范畴的核心，物质交换以制度为前提的。

考虑到对比性，此次抽样调查的样本均为 40 岁以上的少数民族，他们经历了一个社会变迁相对较长的时期，而社会变迁对个人与群体的伦理价值观变迁在相当程度上起着决定性作用。并且，这一人群及他们的家庭都长期与所属民族的人们聚居在一起。从而，样本的选取有利于深入研究大石山区少数民族伦理价值观的变迁情况。

一、家庭基本生存环境变化情况

一个长期生活在大石山区少数民族聚居地的家庭，随着我国经济、政治、文化的转型，经历了许多的历史变迁，这里将主要考察他们对近几十年来其家庭基本生存环境变化的认知情况。

在调查中，首先对生存状态的需求进行了调查，即调查对象是否曾希望其家庭生产生活条件有所改变。其中：希望改变的 113 人，占 92%；不希望改变的 4 人，占 3.2%；无所谓的 6 人，占 4.8%。这一数据表明，被调查的少数民族普遍希望改变现有的生产生活条件。但从人们对其家庭目前的生产生活条件的认可度来看，认为较以往相比有较大改善的 40 人、占 32.3%，有所改善但改善不是很明显的 69 人、占 55.6%，没有改善的 11 人、占 8.9%，有所倒退的 4 人、占 3.2%。这说明，时至今日，许多少数民族家庭的生产生活条件已经有所改善，但仍希望有进一步的提升。因从另一项调查来看，有 77.4% 的被调查对象认为其目前家庭的生产生存条件不是他们所希望的。这也表达了少数民族人们不满现有的生存状态，有着更多的需求。从所调查的结果来看，只有 13% 的人认为因家庭生产生活条件的改善而达到了他们所希望的水平。

随着现代性的强势入侵，在边远的少数民族地区都受到了强烈地影响，这种影响经常被认为是经济方面的。认为少数民族不再满足于自身的生存状况而需要更多物质上的东西，他们的思维方式也已经逐渐同化于其他地区。我们当然不能否认少数民族对物质生活的追求。但是，少数民族在追求物质生活的同时，是否也在注重着或保留着那些合乎时宜的传统观呢，比如在对待环境与资源的价值观和伦理观方面。

从调查来看，6.5%的人认为所居住地域的自然环境目前得到了根本改善；12.1%的人认为所居住地域的自然环境目前遭到很大的破坏；56.4%的人认为在自然环境方面目前有的方面得到了改善，但有的方面却遭到了破坏，改善大于破坏；25%的人则认为破坏大于改善。同时，也对自然环境发生变化后少数民族人们的认可度进行了调查，其中，认可目前所居住地域自然环境状况的人占46.8%，不认可的人占20.1%，认为自然环境没有发生重大变化的人占21.7%，无所谓的人占10.4%。这一结果显示有68.5%的人较为认可他们所居住地域的自然环境状况，这与62.9%的人认为其生存区域的自然环境得到了改善大致相当，说明多数的人们认可目前的自然环境状况，但也有3-4成的人对现在的自然环境状况并不满意。对于后者的原因，将有详细的调查分析。

二、个人及本民族的生产方式变化情况

从一个社会的历时性来说，任何一个民族的价值观与伦理观都是在不断变化着的，但是变化的量度在不同的时代却是不同的。那么，近四十年来，大石山区少数民族生产方式发生了哪些的变化，这些变化对大石山区少数民族的价值观和伦理观产生了哪些影响。因此，一方面本研

究从大石山区少数民族及其上一代的家庭经济主要收入来源进行了调查，以期获得大石山区生产方式的变迁情况，见表1：

表1　两代人的家庭经济主要收入来源的变化

家庭主要收入来源	父辈		样本	
	人数	%	人数	%
农业种植或养殖	97	78.2	71	57.3
狩猎	2	1.6	1	0.8
外出务工	15	12.1	37	29.8
做零活	6	4.8	6	4.8
自主或合伙创业	1	0.8	4	3.2
本地固定工作*	3	2.4	4	3.2
其它	0	0.0	1	0.8

*本地固定工作：包括在政府部门、国营企业、事业单位及各类私营企业等有固定时间的工作。

从表1中可以发现，虽然农业种植或养殖仍然是大多数家庭的主要收入来源，但样本这一代的家庭主要收入来源于农业种植或养殖的比率较上一代人已经有了很大的下降。造成这种转移的直接原因从表中也可以得出：外出务工的人数越来越多，上升了近18个百分点。可以说，外出务工转移了绝大多数从传统生产领域出来的人群。同时，自主或合伙创业的人数也在增加，说明一些少数民族人群逐渐增强了自主从事现代性生产方式的能力。

为了更进一步了解大石山区少数民族生产方式的变化情况，另一方面，本研究也对样本群体对其所居住地域本民族的家庭收入方式正在发生的变化的认知进行了调查。结果表明，认为正在发生变化的占总数的

92%，其中：认为家庭收入的主要来源正从农业向本地工业、服务业转变的占15.3%，认为外出务工人数增多，并成为主流的占62.9%，认为已经逐渐放弃了原来的收入方式，但目前获取收入的工作很不稳定的占14.5%。尽管这一调查倾向于大石山区少数民族对于他们所居住地域人们家庭经济收入方式改变的认识，但也暗示着在生产生活方式改变的过程中他们的价值观正在发生巨大变化，而价值观念的变化实源于他们对现有的生产方式不满意。在询问少数民族人们是否接受目前的家庭经济主要收入的来源方式时，有57.3%的人回答的是"否"，有35.5%的人回答的"是"，还有7.2%的人表示无所谓。这也说明多数少数民族希望现有的生产方式能够得到改变。

但以上价值观念的变化是否又说明了这样一种情况：大石山区少数民族是否真的愿意放弃传统角色。本研究对一个设想进行了调查，即"如果有可能，您是否愿意从事（或继续从事）那些具有本民族特色的收入工作?"。结果显示：52.4%的人回答"是"，28.2%的人回答"否"，无所谓的占19.3%。这表明，有过半的人如果通过本民族那些特色工作来达到一个较好的生存状态时，他们并不愿意改变传统。

从而，对于少数民族地区的发展可以借助外力，但如要以民族地区自我发展为本的话，应该形成一个内生发展效应过程。

那么，从目前大石山区少数民族的各种生产方式来看，它们对自然环境的影响度如何。调查显示，2.5%的人认为造成了很大破坏，23.7%的人认为造成了局部破坏，73.7%的人认为没有太大影响。从这一结果来看，似乎少数民族现有的已经发生变化了的生产方式对自然环境的影响并不是很高。因为这里存在一个前提，即农业种植或养殖、狩

猎等传统的生产方式依然是大石山区里少数民族的主要生产方式（见
表1），而这些生产方式一般不对自然环境产生破坏作用，真正起破坏
作用的还是来自于某些现代性的生产方式。尽管在少数民族中从事现代
性生产方式的人数较少，但他们中的部分人已经自发地认识到现代性与
资源、环境的某种恶性竞争。

三、个人及本民族的生活方式变化情况

本研究在关于大石山区少数民族家庭基本生存环境情况的调查中，
对他们家庭目前的生产生活条件是否改善做了调查，那么在生产生活条
件变化的情况下，他们的生活水平是否得到了改善呢，见表2：

表2　家庭生产生活条件变化情况与个人生活水平变化情况的对比

变化情况	家庭生产生活条件		个人生活水平	
	人数	%	人数	%
有很大改善	40	32.3	19	15.3
改善情况不明显	69	55.6	86	69.4
没有改善	11	8.9	18	14.5
有所倒退	4	3.2	1	0.8

可以发现，在表2中，这些家庭生产生活条件的改善与个人生活水
平出现了不同步的情况，表明在家庭生产生活条件已经有所改善的情况
下，个人生活水平的提升具有一定的滞后性。这也说明，少数民族家庭
的生活观念在发生变化。一般来说，少数民族不太具有（较长时间）
积累财富的观念，在现代性入侵之前是"生产＝消费"，现在却是"生
产＞消费"。另外也可以发现，现代性的入侵并没有造成所有少数民族

家庭和个人生活水平的提升，甚至有极少数家庭出现了倒退。

为了理解大石山区的少数民族对生活水平变化与自然关系的认识，进行了如下假设调查，"如果您生活水平的改善是基于自然环境的破坏为前提，您是否接受这种改善？"从结果来看，有97人、约82.2%的人们不接受这种改善，有14人、约11.9%的人们接受这种改善，另有13人、约11%的人认为无所谓。这表明，如果大石山区少数民族的生活水平在他们所认可的水平（上）时，他们绝大多数人不会破坏自然，而如果以破坏自然来提升生活水平，他们在观念上是拒绝的。这也回答了到目前为止，大多数少数民族聚居地区的自然环境为什么没有遭到过多破坏的原因。

那么，人们又是如何认知与处理他们那些独特的生活方式与传统呢？对此，本研究对样本本身和样本对所在区域人群关于本民族那些独特的生活方式的认识进行了调查，见表3：

表3　样本和样本所在民族对独特的生活方式的保有情况对比

保有独特的生活方式的程度	样本		样本所在民族	
	人数	%	人数	%
是，保有主要的（或全部的）	31	25.0	23	18.5
只保有了部分	62	50.0	69	55.6
否	31	25.0	32	25.8

在表3中，基本呈现了这样一种趋势，无论是样本还是样本对本民族人们的看法，在是否继续保有那些独特的生活方式方面，能够保有本民族独特的生活方式的群体正在逐渐下降，而且能够真正希望保有本民族独特生活方式的群体已经不是很多。

从而，也存在这样一种境遇，即少数民族是否希望本民族人们继续按传统方式生活。为进一步探明样本对本民族那些传统生活方式的认可情况，本研究从自我认可与外力保护两方面进行了对比调查，见表4：

表4 对本民族独特生活方式的自我认可与外力保护的认可程度

程度	人们接受本民族独特的生活方式		人们对政府保护本民族 独特的生活方式政策的支持	
	人数	%	人数	%
是	61	49.2	98	79.1
否	22	17.7	7	5.6
无所谓	41	33.1	19	15.3

虽然，目前大石山区的少数民族在保有主要的（或全部的）本民族独特的生活方式方面的比率不是很高，但并没有拒绝对本民族独特生活方式的接受，这从人们对本民族独特的生活方式49.2%的接受程度可以看出，并且还有三成三的样本处于中立状态。尽管有近半数人认可本民族人们继续按传统方式生活，但半数人持有不认可或无所谓的观念则是一个无法忽视的情况，说明传统的生活方式有可能将远离大石山区少数民族聚居之地。同时，也呈现了另一种现象，在对比的过程中，人们对如果政府出台、落实保护本民族那些独特生活方式的政策认识上，人们表现了非常高的支持率。说明了，政策支持方式正确并能够吸引少数民族参与本民族独特的生活方式保护时，他们是愿意去支持政府行为的。

那么，大石山区少数民族现有的生活方式是否造成了对自然环境的某些破坏，人们对此的认识如下：10.1%的人认为造成了很大的破坏，54.2%的人认为造成了局部的破坏，40.7%的人认为没有造成破坏或没有造成较大的破坏力。这一结果显示，目前大石山区的少数民族的生活方式已经对自然环境造成了较大的破坏。但是，在本部分前面的调查中，人们对"如果您生活水平的改善是基于自然环境的破坏为前提，您是否接受这种改善？"的回应中，大部分人表达了"否"，可为什么他们所居住地域本民族的生活方式仍然造成了对自然的破坏。形成对这种矛盾，可谓是主观与客观之间的矛盾。少数民族具有热爱自然、保护环境的主观愿望，但客观上由于生存压力的需要、外界消费方式的挤压容易出现破坏自然的现象。

四、本民族的制度文化传承情况

一个民族的制度文化是该民族在历史变迁过程中逐渐形成的，是那些本民族的族规、习俗、习惯等，能够在本民族内部约束、指导人的行为。制度文化曾是规范少数民族生活世界的主要力量，但制度文化生成的作用在很大程度上又依赖于人们对它的认可，认可程度越高，制度文化就越有效力。因而，本研究对大石山区少数民族对制度文化的认同情况进行了调查，见表5：

表5　大石山区少数民族人们对本民族制度文化的认同情况

程度	曾经是否认同本民族的制度文化		目前是否认同本民族的制度文化		居住地域本民族的制度文化目前是否得到遵守	
	人数	%	人数	%	人数	%
是	72	58.1	110	88.7	79	63.7
否	23	18.5	9	7.3	45	36.3
无所谓	29	23.4	5	4.0	未设此项	

　　从调查结果来看，有近六成的人曾认同本民族的制度文化，但在不认同或在无强制力情况下，不遵守本民族制度文化的情况也是非常的高。所谓制度文化，它是一种"软"规制，当一种制度文化遭遇到其它更强有力〔有时这种强力是难以协商（Discourse）的〕的制度文化入侵时，它将会被迫接纳或变换形式。在改革开放之前，由于当时中国主流政治文化的思维定势，在与传统文化冲突时，传统文化一般处于"弱"地位。这种情况在历史上也比比皆是，如新文化运动与传统文化之间的博弈，新文化运动取得了胜利。改革开放前的二三十年因当时的主流政治文化及这种政治文化的延续导致少数民族人民难以主动取信传统文化，即这种取信难以维系个人的生产生活条件，而不得不去接纳其他的政治文化，导致许多少数民族的制度文化失去"领袖地位"。在经过若干年的改革开放之后，主流政治中的一部分内容才认知到少数民族文化的重要性。这也是许多国家对民族文化认知经历的一种正常过程。从而，在中国推进社会主义市场经济过程中，也会出现对少数民族制度文化保护的各类认知。可以看到，人们目前对本民族制度文化的认同度在提升，从原来的58.1%提升至88.7%，超30个百分点。另外，本研究对人们对目前本民族制度文化的认同上设置了两个选项，一个为"是"，一个为"是，但也需要结合今天的现实情况开展"。尤其是后者，有69.5%的样本回答。这说明了人们对传统的制度文化与现代性文化之间的结合在很大程度上是认同的。

　　那么，就目前所居住地域本民族制度文化的遵从情况，他们的认知如何，本研究也进行了相关的调查（见表5）。其中，认为所居住地域本民族制度文化全部得到人们遵从的占8.1%，认为只有一部分本民族制度文化得到人们遵从的占55.6%，二者和占63.7%。这一结果高于人们曾经对本民族制度文化的认同率，但低于目前对本民族制度文化的认同率。这一结果，可作如下理解，一是样本并不能充分代表所有的本民族人们，二是样本在认知其他人的观念时存在一定的滞后性。从样本的选取来看，本调查尽量做到了以现代概率学理论为基础。从而，出现第一种情况的可能性较少。对于第二种情况，说明每一个样本之间具有了较强的独立认知能力。众所周知，许多少数民族长期生活在一个统一的制度文化中，个人即传统，传统是个人。虽然传统在现代性的冲突下将会有所中断，如果这种中断的时间不是很长的话，即上一代人的记忆依然能延续至下一代时，尤其这种记忆得到了外界的助力，传统依然能够保存或复苏。从调查结果来看，也印证了这一假设。

从少数民族与自然环境的一般关系来看，传统制度文化通常对自然环境起着保护、至少不是滥用的作用，那么大石山区少数民族现存的制度文化是否也具有这一作用呢，见表6：

表6　样本对两代人关于制度文化与自然环境关系间的认知

项目	对父辈时制度文化与自然环境关系间的认知		目前对制度文化与自然环境关系间的认知	
	人数	%	人数	%
是，对自然环境产生了重要的保护作用	31	25.0	27	21.8
是，但仍需要从其它方面强化对自然环境的保护	62	50.0	73	58.9

续表6

项目	对父辈时制度文化与 自然环境关系间的认知		目前对制度文化与 自然环境关系间的认知	
	人数	%	人数	%
否，基本没有对自然环境形成保护作用	28	22.6	20	16.1
否，破坏了自然环境	3	2.4	4	3.2

从表6可以看出，对父辈与本人关于制度文化与自然环境关系间的认知较为相似，即人们关于制度文化对自然环境的影响认知虽已隔代，但变化不是很大。同时也可以看出一些微妙的变化情况。如人们认为父辈那一代所保有的制度文化对自然环境起到的重要保护性更大一些，而现在认为仍需要从其它方面强化对自然环境保护的认知则更高。另外，也有一部分人认为父辈那一代所保有的制度文化对自然环境保护作用不如现时段的强。这说明，在大石山区环境保护方面政府作为取得了一定的信任，但信任度不是很高。当然，从调查结果来看，也表明了这样一种情况，制度文化与环境保护之间有着非常重要的联系，但制度文化的保存并不是环境持续良性循环的唯一条件。从一些地方来看，一些少数民族的制度文化在外部因素变化的过程也会对自然环境产生破坏性，如刀耕火种中的"火种"。

几乎每个民族都有一套与现代环保理念有关的习俗、禁忌和习惯法。这些法律文化不也可避免地有其浓厚的原始性，内容也较为粗糙，但这种原始性并不全然等同于愚昧，粗糙也不只是落后。相对于一些野蛮、落后的瑶族习惯法（并不是所有的瑶族习惯法都是如此）而言，国家法具有更为文明和进步的一面。然而，国家如果无视一些少数民族居住地区习惯法等一些法律规范，而只强制推行国家法，对少数民族来说是不公正的。最终的结果只能是国家法与少数民族习惯法之间越来越剧烈的冲突，直至少数民族法律文化的丧失。

五、政府行为与本民族发展情况

政府与社会二者之间存在着许多微妙的权力互涉关系，即有"大政府、小社会"的理论与实践，也有"小政府、大社会"的理论与实践。但无论二者的关系如何，从现今来看，已经没有一个社会能摆脱国家的影响。大石山区少数民族的各聚居地在某种意义上是一种自治的社会，但其生产生活方式、制度文化传承已经无法脱离政府行为的影响。

本研究首先考察了政府行为对大石山区少数民族的影响，即政府的扶贫开发、环境保护、医疗保障、茅草屋改造、水电供应、基础设施大会战、城乡清洁工程等行为是否为他们所需要的，见表7：

表7　大石山区少数民族对政府行为的需求情况

程度	人数	%
是，很需要	78	62.9
是，但希望更加尊重少数民族的特色	36	29.0
否，我习惯原来的生产生活方式	4	3.2
无所谓	6	4.8

从表7来看，在大石山区少数民族中，许多政府行为的介入已经得到了认可，有62.9%的人认为政府的相关介入是很有必要的，这主要表现在这些行为能够给他们在物质方面带来实惠。另一些人认为，虽然政府行为

对少数民族的生产生活能够起到许多帮助，却希望政府行为应该多样化，而不是标准化，应更加尊重少数民族那些具有特色的生产生活方式。同时，还有一少部分人认为政府行为的介入不是他们所需求的，他们更愿意保有那些原来的生产生活习惯。在本文第三部的调查结果中也发现大部分人仍然在按本民族那些独特的生活方式生存。结合这两方面调查结果，可以说，人们一方面希望政府行为的介入，但同时因政府行为介入不足或介入方式的不恰当导致人们对政府行为在做有选择性的回应。

那么，上述政府行为的介入对大石山区少数民族的家庭经济及所属本民族地域自然环境的影响又是怎样的呢，见表8：

表8　政府各类政策的运行对人们家庭经济及本民族聚居地域自然环境的影响

在政府各类政策的运行下	家庭经济状况		本民族聚居地域的自然环境	
	人数	%	人数	%
是，得到很大改善	26	21.0	25	20.2
是，改善不大	75	60.5	76	61.3
否，没有得到改善	21	16.9	18	14.5
否，有所倒退	2	1.6	5	4.0

在表8中，认为政府各类政策的运行对其家庭经济状况起到了很大改善作用的约占二成，对家庭经济改善不大的约占六成，没有对家庭经济起到改善作用的约占二成，极少部分人认为政府行为的介入导致了其家庭经济状况倒退。从这一结果来看，对于政府行为在大石山区少数民族中的作用呈现一种"橄榄球"状。认为政府各类政策在大石山区的运行对于家庭经济具有很大改善作用与没有起到介入时所宣传的作用的比率大致一样，且比率都不高；而认为政府各类政策在大石山区的运行

对于家庭经济虽有所改善但改善不大的比重占了大部分，从而形成一种"橄榄球"状的认知，而且这一"橄榄球"还是一种长度较长、中间宽高较窄的形状。"橄榄球"状的认知表明了这样一种情况，政府行为并没有促成介入地经济情况的普遍好转。

而与此相关，或许与此非常相关，在政府各类政策的运行下，人们对其所属本民族地域的自然环境认可情况与他们对其家庭经济状况的认可情况几乎是一致的（见表8）。这似乎表明了这样一种情况：在政府各类政策的运行下，少数民族经济状况的变化趋势与他们所属本民族地域的自然环境变化趋势有着密切相关度。但是，从调查的情况来看，认为家庭经济情况在政府行为介入下得到好转的样本与认为本民族地域自然环境得到改善的样本之间的重合率并不是很高，其它情形也有此种情况存在。这从另一角度也呈现了，有的人认为政府行为的介入对家庭经济状况影响较大，而有的人则认为政府行为的介入对自然环境的影响较大。从统计学角度来看，结果一致并不代表过程一致。

随着政府各种行为的不断介入，尤其是政府制度（各种法律与规制）与本民族制度文化双方对大石山区少数民族发展的影响又是怎样的呢，本研究从样本对父辈时代与他们所处时代的认知进行了对比调查，见表9：

表9　政府制度与本民族的制度文化双方对两代人的影响情况

对个人及家庭发展的影响	父辈时代		现时代	
	人数	%	人数	%
政府制度	64	51.6	92	74.2
本民族制度文化	54	43.5	13	10.5
对二者取中立态度	6	4.8	19	15.3

从人们对父辈时的认知可以发现，政府制度与本民族制度文化的影响力大致相当，也就是说，在他们的父辈时（主要其中于 20 世纪 60 – 70 年代，及 80 年代早中期）二者具有大致的影响。因而，可以指出那时的政府制度已经形成了广泛的影响力，并逐渐在大石山区少数民族聚居区中处于主导地位。在现代，政府制度已经取得无可争议的主导地位。对于后者，人们可能还有所选择，但在家庭经济发展方面（物质方面）选择的范围已经不是很大了，现代性已经侵蚀本民族传统的制度文化。

随着上述生产生活方式、制度文化的变化，它们对大石山区少数民族的伦理价值造成了哪些方面的变化，基于上述调查，本研究接下来将对此进行重点探讨。尽管，在论述影响价值观和伦理观的各方面中也已经或多或少地有所涉及。

六、本民族的伦理观变迁情况

伦理观表达的是能够做些什么、应该做的观念。由于文化、自然地理以及经历等因素，少数民族伦理相对独立、各具特色，是一种历史的形成。中国少数民族伦理的现代选择，就是历时性的伦理观在现代的发展及其民族群体的发展。[①] 在传统社会时期中，大石山区少数民族形成了诚实守信、勤劳节俭、惩恶扬善、重情感恩等的社会公共伦理，是维护着人际关系的基本道德规范，并维护着大石山区的社会稳定，推动着

---

① 王文东，李文娟. 中国少数民族伦理的形成、传承、结构及其现代选择 [A]. 见：金星华主编. 民族文化理论与实践：首届全国民族文化论坛论文集（上册）[C]. 北京：民族出版社，2005：158 – 176.

社会的自然发展。那么，随着能够影响伦理观发生深刻变化的因素也在
发生深刻变化，大石山区少数民族伦理观变化趋势及程度如何呢，本研
究以以上调查为基础做了探讨，见表10：

表10　大石山区少数民族伦理观变化情况

伦理观变化	诚实守信		勤劳节俭		惩恶扬善		重情感恩	
	人数	%	人数	%	人数	%	人数	%
是，与以往一样	80	64.5	83	67.0	68	54.8	64	51.6
品质逐渐下滑	39	31.5	36	29.0	45	36.3	41	33.1
否，不再具有	5	4.0	5	4.0	11	8.9	19	15.3

在表10中，人们对聚居区本民族的伦理观中"勤劳节俭"的认可
度最高，其次是"诚实守信"，再次是"惩恶扬善"，最后是"重情感
恩"。表明人们依然认可与自身利益密切度最高的"勤劳节俭"，而
"诚实守信""惩恶扬善""重情感恩"等或多或少都涉及与他人的关
系。在作进一步分析时，可以发现以上伦理观中的四个方面都呈现了很
大程度的下滑情况。

在"诚实守信"方面，虽然认可度也是相当高的，但认为本民族
正在失去这一品德的认知达三成以上，甚至少数人认为本民族已经不再
具有诚实守信的品质。"诚实守信"是伦理观的核心，这一品质的自我
内化也是大石山区少数民族的本质特征之一。在"诚实守信"方面的
失守将有可能导致少数民族之间原来的和谐关系出现断裂。

在"勤劳节俭"方面，其认可度是最高的，与人们对"诚实守信"
的认可情况实为类似。勤劳节俭这一品质的存在，一般是认为少数民族
在与自然环境相处过程中形成的一种朴素生态观念。大石山区尽管物产

丰富，可与少数民族生产生活密切相关的资源并不多。物产丰富在大石山区表现为矿产资源、水资源、林业资源、物种资源等方面的丰富。但是，矿产资源尤其是那些稀有金属资源与少数民族的生产生活无太多关系；水资源在大石山区表现得非常不均衡，且由于大石山区的独特地貌，水资源无法在这些地区表层保存，地下水丰富与地表水紧缺并存；林业资源虽相对丰富，可对少数民族来说是一种无法实现更多价值的资源，少数民族难以将林业资源变为经济资源；只有物种资源的丰富为少数民族提供了一些生存资源，如狩猎、中药采集，可这些都需要付出艰辛的劳作。从而，大石山区少数民族总在从艰苦的生存环境中获得生存资料，且需保护可做为生存资料的资源。如，在狩猎方面，形成了"猎大不猎小、猎公不猎母、秋猎春藏"的某些朴素生态观念。在其他方面也大致如此。但是，随着"勤劳节俭"品质的逐渐下滑，那些朴素生态观念有可能遭受强烈破坏，且这种破坏将造成其他三个主要方面的后果：第一，大石山区的少数民族生存环境将更加艰辛；第二，会造成少数民族与其他民族的矛盾增发；第三，也是最为重要的，我们将无法从这些朴素生态观念中获得中国生态文明理论与实践的来源。

在"惩恶扬善"方面，认为其品质下滑的达到了 36.3%，认为不再拥有这一品质的达到了 8.9%。善恶之分，是一个人乃至一个民族伦理观中最为凸显的一部分。一个人能否做到惩恶扬善表达了他在本民族中的地位。纵观少数民族历史，那些反抗压迫力量的事迹比比皆是。失去"惩恶扬善"品质的少数民族也将失去它在其他民族中的地位。

在"重情感恩"方面，人们认为这一品质在逐渐下滑和不再具有这一品质的情况则更糟，几乎占了受调查者的一半。"重情感恩"的失守意味着少数民族正在快速地融入现代性社会之中，少数民族那种传统"家天下"观念正在祛魅。但是，对于一个集体主义主导的社会，这种祛魅意味着将导致个人主义的凸显与自由主义的滥觞。

对于上述情况，本研究还对大石山区少数民族伦理观状况做了一个总体调查，即人们对聚居区本民族目前存在的社会风气的认可情况。从数据来看，21%的人完全认同；45.2%的人较为认同，但认为目前的社会风气状况与老一辈相比已有较多不同；32.2%的人已不太认同，认为目前的社会风气与老一辈相比有很大不同；1.6%的人则完全不认同。这一结果示出，随着伦理观中那些优秀品质的失守，尽管人们对每一类品质保有情况的认可度仍为较高，但是对本民族整体的社会风气的认可度已经较低了。如果没有其它因素介入的话，这种认可度将以更低的趋势呈现。

为了弄清形成上述情况的原因，本研究对大石山区少数民族目前的整体道德观念水平较以往相比是否下降及造成的主要因素的认知进行了调查，见表11：

表11 目前整体道德观念水平较以往相比变化的原因

主要因素		人数	%
没有下降	传统的道德观念在延续	20	16.1
	在政府的帮助下适应了现代社会的需要	28	22.6
有所下降	受整个国家经济社会快速发展的影响	70	56.5
	受其他民族道德观念变化的影响	6	4.8

从表11中的调查数据来看，约40%的人认为其所在地域本民族目前的整体道德观念水平较以往相比没有下降，没有下降的因素主要是：

传统的道德观念延续和在政府的帮助下适应了现代社会的需要。前一个因素是延续，后一个因素是适应。延续是因为传统道德观念依然存在，适应是因为人们的道德观念虽有所变化但因外界干预而形成了另一种道德合力，并与那些传统道德观念生成的效力几乎是等价的。后一个因素的存在能够解释伦理观的变化与其作用不变之间的关系，具有更高的价值意义。从长远来看，不可能有不变的伦理观，伦理观效用变化才是变化的重点。从这一意义上看，如何做好外界干预是维系好大石山区少数民族伦理水平的重要内容，但从调查来看，这一能动性还需走得更远。

尽管许多人认为所在地域本民族目前的整体道德观念水平较以往相比没有下降，有的甚至认为有所提升，但是认为有所下降的人数更多，超过60%。其中，认为有所下降的因素主要是：受整个国家经济社会快速发展的影响。国家经济社会的发展对伦理观的影响是至关重要的，并通常把前者作为后者的决定性因素之一。前者对后者的关键性影响通常表现为两种情况：一种是促进伦理观升华，如前面所分析"没有下降"时的适应因素；一种则是在一定时期内去除伦理观的某些积极内容或异化了伦理观，即造成一个群体整体道德观念水平的下降。如伴随着市场经济的突进，在"重情感恩"方面的失守已经成为了一种常见现象，甚至形成了"不经常回家看父母就违法"① 的规定。在少数民族地区，外出务工也成为一种常象，这导致一些人认为这部分人逐渐失去了本民族的特质。现代性造成那种"罩在家庭关系上的温情脉脉的面

----

① 《老年人权益保障法》2013 年 7 月 1 日正式实施，新法规定：家庭成员不得忽视、冷落老年人；与老人分开居住的应当经常看望或者问候。

纱"① 被物质关系所代替。从长远来看，随着经济社会的进一步发展，对伦理观的影响将会主要形成第一种情况。但是，就目前来说，如何协调好经济社会发展与伦理观之间的关系对于二者都具有重要意义。对于正处在传统、现代、生态文明三重"时空压缩"之下的大石山区少数民族来说，传统的伦理观可能不是最好的，但却是最需要的。否则，他们将处于一个无法与自身达成和解的境遇。另外，有少部分人认为是受其他民族道德观念变化的影响所致。一个民族对另一个民族道德观念影响有时甚大，但处在一个相当封闭的大石山区，各少数民族之间影响力却是有限的，在此地域中他们彼此之间是没有过多的联系，而认为是"受其他民族道德观念变化的影响"认知的那部分人其所居住地相对其它地域则较为现代，他们更容易接触到包括汉族在内的其他民族文化、生产生活方式及制度。从而，形成了此类认知。

　　大石山区少数民族传统生成的伦理观从自然观方面来看，是一种朴素的生态观，这种生态观虽不是现代意义上的生态文明，但从最低意义上来说，基本能够保存大石山区的环境与资源。即如不能形成保护作用，也不至于起到破坏性。从而，对那些认为所在地域本民族目前的整体道德观念水平较以往相比有所降低的人（共 76 人）进行了进一步调查，试分析这些人在认为道德观念整体有所下降时，人们的行为对周边自然环境造成了什么样的影响，见表 12：

---

　　① 马克思恩格斯文集（第三卷）［M］．北京：人民出版社，2009：363．

表 12　本民族整体道德观念下降对自然环境的影响

对周边自然环境的影响	人数	％
基本没有	14	18.4
破坏不大	34	44.7
较大破坏	28	36.8

从表 12 中可以直接看出，道德水平与自然环境之间存在着一种莫大的联系，尤其是当一个群体整体的道德水平下降时对自然环境的破坏作用是显而易见的。也就是说，身处于大石山区这样一种与自然环境直接作用中的少数民族，伦理观中的某些重要因素的变化能够对自然环境产生或正或负的作用。而像大石山区这样一些"生态根据地"，如果在进一步遭到破坏的情况下，整个中国生态文明建设的难度也将进一步提高。

七、本民族的价值观变迁情况

价值观一般是指一个人对周围的客观存在（包括人、事、物）的意义、重要性的总评价和总看法。也就是说，价值观是一种需求观。人的需求并不是固定不变的，这表现在两个方面：一是需求量，二是满足度。这二者是客观与主观的结合。客观上，一个人需求的量是有限的，但主观上，一个人的满足度在某种情况下是难以实现的或是容易实现的。从人类发展历史来看，无论是客观上的"量"，还是主观上的"度"都是在变化的。为了探明大石山区少数民族价值观的变化情况，本研究从人、钱、自然环境三个角度做了深入调查，见表 13：

表13　样本对所在地域本民族价值观变化的认知

异同	对他人的尊重是否同于以往		对金钱的态度是否重于以往		对自然的尊重是否同于以往	
	人数	%	人数	%	人数	%
是	79	63.7	99	79.8	65	52.4
否	45	36.3	25	20.2	59	47.6

　　在对他人的尊重是否同于以往的认知中，36.3%的人认为在对他人的尊重方面已经不如以往了。这是一个变化度很高的情况。在价值观中，人的因素构成了主导因素。人与人之间的和谐相处是一个社会安定团结的重要前提，对他人尊重是人与人关系即社会和谐度高低的一个重要表现。随着大石山区少数民族价值观中对他人尊重度的下降，表明大石山区的人们在生产生活中由朴素的人与人之间的相互依赖与联合关系正在转型为另一种关系。这种关系从人类历史进程来看，将转向一种人与物之间的现代依赖关系。①

　　从对金钱态度的认知情况来看，认为目前对金钱的态度重于以往的人数几乎达到8成，对金钱或者说物质需求成为大石山区少数民族的第一需求。在以往时期，大石山区的少数民族对待物的态度基本上处于一种"刚够就好"的观念，他们不奢求太多，也无法奢求更多，更重要的是他们在朴素的生态式的价值观中不希望有太多的物质。如果要获得超过个人及家庭的基本需要，他们完全可以通过以掠夺式的方式从自然中获得，但是原有的价值观能够起规制作用。这也是一种朴素的平等

---

　　①　马克思恩格斯全集（第三十卷）［M］．北京：人民出版社，1995：107.

观。当大家都一样时，获得更多不是一种荣耀而是一种负担。可是当他们在与外界接触时，他们的价值观受到了外界的质疑，认为这种价值观是"懒、弱"的表现。在国家宏观政策下，大石山区人们的生活水平被认为"不达标"，政府行为主动介入，希望以现代性的"物关系"标准来改变他们的生产生活状况①，这时候接受不接受这种改变都不是他们的价值观所能决定的。同时，一部分人员以外出务工等形式给大石山区带入外来价值观，而这些价值观中的现代性又必然与大石山区少数民族的价值观中的传统性相冲突。往往后者的这些现代性价值观容易在冲突中占据"有利地位"。

将自然视为自身社会的一部分是大石山区少数民族的生存观念，这不仅表现在伦理观中，也生成于他们的价值观之中。自然对于他们的价值与他人对于他们的价值是一样的，这是一种朴素的和谐观。但是，从调查中却得出认为现在的人们对自然的尊重低于以往的比率几乎接近一半。人们对自然的尊重已经失去了往日的色彩。一个地域的自然环境是历史生成的，但是政府行为在当代却扮演着更为关键的作用，是保护还是破坏往往不是由地方居民来达成意向，更多的是拥有强制力的政府在决定。那么大石山区少数民族对政府行为与所居住地域自然环境是如何看待的呢，本研究对地方政府开发过程是否造成了大石山区自然环境的变化进行了调查。其中，38.7%的人认为破坏了自然环境，32.3%的人认为改善了自然环境，29%的人认为自然环境没有过多变化。这一数据表明，一些政府开发行为在一些地方不仅提升了这一地域的经济水平，

---

① 任勇. 社会转型与少数民族价值观变迁：以西南地区为例［J］. 新疆社会科学，2012，（3）：43-50.

也注重了对自然环境保护；但是，另一些政府行为在开发的同时也破坏了自然环境，而且这些政府行为并非少数，约占 1/3。那么，是什么导致一些政府行为在一些地域对自然环境的破坏呢，那些认为政府开发行为破坏了自然环境的人，其中有 47.9% 的人认为是为了提高人们的生活水平，52.1% 的人认为是为了地方政府的政绩。这两种认知几乎各占一半。也就是说，政府开发行为如果造成了自然环境的破坏，将会约有一半的民众认为这是一种政府自利行为，而不是一种公共行为。

为了获得更全面的信息，本研究对大石山区少数民族的价值观变化情况以"是否安于现状"与"以家庭为重还是以个人发展为重"两个主题开展了进一步的调查。数据显示，认为所在地域本民族人们目前安于现状的比率为 37.1%，不安于现状的比率为 62.9%；认为所在地域本民族目前是以家庭为重的比率为 78.2%，以个人发展为重的比率为 19.4%，难以判断或二者兼是的比重为 2.4%。这两组数据形成一种冲突现象，大石山区的少数民族既在主动或被动摆脱传统的后果，但又在内心上希望获得传统的价值。即大石山区少数民族的价值观变化正处在一种冲突之中，传统与现代在交锋。① 虽然随着时间的推移，现代性的价值观总会占据主导力量，但如何使这种交锋目前所产生的代价最小化、最有利化是值得探讨的课题。

接下来，本研究还对大石山区少数民族的价值观变化的原因进行了调查，见表 14：

---

① 周笑梅. 现代化进程中的中国少数民族价值观传承［J］. 延边大学学报（社会科学版）. 2010. 43（4）：94 - 98.

表14　大石山区少数民族价值观变化的原因

最重要的原因	人数	%
国家经济社会的快速发展	45	36.3
周边其他民族的影响	15	12.1
本民族人们改善生产生活环境的需要	34	27.4
主动适应社会变化的生存要求	27	21.8
没有发生较大变化	3	2.4

从表14，可以看出国家经济社会的快速发展对大石山区少数民族价值观的影响最大，本民族人们的主观愿意其次，因客观条件变化主动适应位其第三，周边其他民族的影响力居第四。这四个方面的原因又可归结为两个方面：客观与主观或被动与主动。总的来说，客观条件对大石山区少数民族价值观的影响比主观方面的影响要大，被动改变的情况要比主动改变的情况高。从而，大石山区少数民族价值观的变化目前是由外及里的变化，是主要因外界造成大石山区少数民族对人、事、物三方面价值观变化之后的辐射结果。

八、未来选择：生态文明建设大石山区

任何一个民族的伦理价值观都不是一成不变的，现代性在中国的发展加快了这种变化，大石山区少数民族的伦理价值观也在不断变化中。一方面这一地域的生产生活方式多样化了，一方面也使生态问题凸显了，但是大石山区总体上依然保存着积习的固执的伦理价值观。在大石山区少数民族伦理价值观中存有一种朴素的生态文明观，核心是建立在以自然为本的生产方式之上，是一种崇尚、敬畏自然、"够用就好"思

维观念。这种思维观念是一种整体和谐的自然观，敬畏生命、追求平等，大多都有着循环再生产的生产观，而这些与生态文明观的本质又有一定的相符性。

从调查来看，如要求人们在"优先发展本地域经济"与"优先保护本地域自然环境"二者中作一选择，62.1%的人选择了"优先保护本地域自然环境"，只有25.8%的人选择了"优先发展本地域经济"，其他人则不做选择。从人们所作选择的对比度来看，大石山区少数民族更愿意倾向于对自然环境的保护。这一结果也最终表明，大石山区少数民族的伦理价值观目前来说依旧以自然为基础。但就目前来看，要在这些地区开展生态文明建设，仅有自然环境这一面是不够的，形成与大石山区相和谐的经济发展才是根本之路。同时，也要在理论宣传方面有待加强。从对人们关于是否听说过"生态文明"这一词或"什么是生态文明"这方面的调查来看，认为对生态文明及相关内容非常熟悉的仅有18.5%，而从没有听说过生态文明及相关内容的有8.1%之多，听说过但不理解的有28.2%，有一定熟悉的为45.2%。理论先行，是当前实践的要求，尤其是在大石山区这样一些生态保持较好但又脆弱的地方。不仅当地居民要懂得生态文明的内涵，地方政府更要理解生态文明建设的内容、方向、方式，后者才是大石山区实现良性发展的关键。生态文明的构建形成了大石山区少数民族伦理价值观新生成的最大外部条件之一。

当生态文明构建与生态文明观在大石山区少数民族中间推进时，大石山区存在着传统、现代性、生态文明构建三者间的复杂交织情况。传统表达的是大石山区少数民族那种朴素的生态文明观；现代性主要体现的是以 GDP 为核心的发展模式对大石山区少数民族生产生活方式的冲击，以及这种冲击所带来的伦理价值观的变迁；当代生态文明在中国的构建虽在表面上要求回归自然主义，这种自然主义与少数民族那种"对自然界的尊重，在物质方面的自足追求，对个人财产权利的拒绝，财富分配上的平等主义，以及相互间的责任意识"（维克多·沃里斯，2010）的表象是相吻合的，但是在现实的过程中与本质上都是与少数民族的伦理价值观之间存在着"盛"现代性（"盛"现代性是指中国进入现代化的第二个阶段）的冲突。在大石山区中构建生态文明，就面对了这样一种生态文明的尴尬，原来被现代性遮蔽的东西需要拨开其"面纱"，原来被异化的部分伦理价值观需要被重建，朴素的生态文明观需要升华。

第四章

现代性、GDP 与大石山区朴素伦理价值观

　　任何伦理价值观都不是一成不变的，而是随着它的历史环境在变化、发展。"这些观念、范畴也同它们所表现的关系一样，不是永恒的。它们是历史的、暂时的产物。"① 伦理价值观是历史变迁、发展的因素之一，也是受历史变迁、发展决定的一环。在过往以 GDP 为核心的经济社会发展模式中，大石山区少数民族一方面受到现代性强烈的冲击，传统自然发展历程变速，生产生活质量有所提高，但价值与伦理之间的关系也在发生变化；一方面在生态文明构建之时，出现了之前的大石山区少数民族地区发展模式与之后的发展模式之间的困境，原有的政策性发展模式将在一定时期内留存，但生态文明构建中的回归自然、革命式的发展之路又将带来新的冲击。少数民族地区的改变本来是缓慢的，这并不像其它现代性区域对现代化有着强烈的需求。从而造成，本来还没有适应"GDP 生存"的少数民族地区又要转换观念了，但是在生态文明与 GDP 博弈中，他们要续存或发展一面就有可能损害另一面。然而，大石山区少数民族伦理价值观随着中国经济社会的巨大变革必将

---

　　① 马克思恩格斯文集（第一卷）［M］. 北京：人民出版社，2009：603.

80

是从传统蹉跎至现代性、进而迈入生态文明的伦理价值观。这一章将主要关注大石山区少数民族伦理价值观与改革开放以来所面对的各种变化。

一、现代性与大石山区少数民族伦理价值观的冲突

通过第二章、第三章我们可以获悉，在大石山区这一地域里，有着特有的人文地理环境，生成一种独特与丰富的伦理价值观。随着其交往方式的改变与现代性的深入推进，大石山区少数民族受到现代性强烈地冲击，从封闭走向（被动）开放，传统自然发展进程变速，生产生活质量有了提高，伦理与价值观念也在发生巨变。然而，大石山区因其特定的历史与自然环境，它与整个现代性进程中的大部区域有着一定的差距性，这种差距性的原因表现在：一是在整个现代性过程中，并不一定要求所有区域都同时开展现代性生存方式，这是一个间接影响的过程。当某个民族或国家的一定区域开展了现代化进程，其他区域或多或少的受其影响，就整个世界历史的发展进程来看也存在这样的情况，如西方资本主义的生成最后导致了世界绝大部分区域发生了变化。二是每一个区域在一定时期内都有着自身的发展特点，整个民族或国家是这样，在一个民族或国家内部的各个区域也存在着这样的情况。从而，作为大石山少数民族区域也存在这样的情况。即大石山区少数民族一方面有着自身的发展进程，虽然受到了现代性的影响，但这种影响并没有与其他地域同步；另一方面大石山区少数民族发展的独立性已经遭受侵蚀，从开始的排斥，到默认，再到一定程度的认同。

（一）伦理价值观与现代性的冲突

现代性在中国的进程肇始于19世纪中期资本主义世界对中国的入

侵，这以后，中国整个社会结构发生了根本改变，中国各个少数民族地区社会也在发生或快或慢的变革。尽管新中国的成立曾促成了少数民族地区一定时期的快速变迁，但是直至改革开放之前，中国大多少数民族地区依然保存着长期以来的固有的价值观和伦理观。关于改革开放之前的大石山区少数民族伦理价值的变迁历程，这里不作评述，而着重探讨有关大石山区少数民族在改革开放之前与之后的伦理价值观的变化情况。

大石山区少数民族在改革开放之前的生产生活方式可谓仍以原始耕猎的自给自足小农经济为主。整体上看，大石山区是一个石山遍布的喀斯特地貌地区，大多数地域以石山为主，地表水源稀少，地面很少见到河道、溪流，植被覆盖率低，自然环境极为恶劣。在这样一种情况之下，这些地区的少数民族形成了一种与自然环境相适应的勤劳节俭、诚实守信、惩恶扬善、重情感恩的伦理观，而这种伦理观又直接影响了其价值观的生成，形成了与自然和平相处、安于满足、平等互利、容忍克制、家庭天下的价值观。

随着改革开放的日益推进，各种现代性因素不断冲击着大石山区少数民族传统的伦理价值观，尽管在深层次上其核心部分依然"尽力"保持。但是，生产方式和生活方式的不断变化，动摇了这些地区的伦理价值观存在的经济基础和政治与文化上层建筑。如，一些地区瑶族的那种"重义轻利"的伦理价值观发生了重大变化，许多瑶族居民开始为了个人私利而违背传统道德，原有的那种"夜不闭户"的生活习惯再也难以见到了。又如，处在不断与日益丰富的物质社会的交往中，大石山区的少数民族人们也在不断地提高消费能力与层次，尽管许多消费对以前来说是不必要的，是为了满足日益扩大的无意义的消费。同时不断提升对自然的获取力，过渡消费了原本非常贫瘠的自然资源。伦理价值观的改变直接导致了原来突出的生态问题更加严重。大石山区少数民族的伦理价值观已产生重大变化，且一部分伦理价值观被大众伦理价值观所取代、同化或异化。

大石山区少数民族伦理价值观的变迁可谓因传统与现代性之间的交织而生发，这种交织导致了少数民族地区伦理价值观的紊乱。一方面，在现代性的要求下大石山区少数民族不得不放弃原有的生存、生活方式；另一方面，他们的伦理价值观又处在既被迫变化但又无处着落的境遇。这导致少数民族地区许多人在（被迫）放弃原有生活方式的同时，伦理价值观方面又断续地维系着。

（二）伦理价值观在现代性挤压中适应

大石山区少数民族的伦理价值观在现代性的挤压之下与现代性的内核发生着冲突，这种冲突对他们的生存与生活境遇形成了许多困境。但是，任何一种伦理价值观都不是一成不变的，而是不断地与具体的实际相适应着，这种适应是一个民族生存的力量要求。大石山区少数民族的伦理价值观可谓在冲突中不断地、被迫地适应着现代性的要求。

大石山区少数民族在生产方式的改变历程中不断形成现代性的伦理价值观。由于不同于传统的现代性生产方式的介入，导致了大石山区人们的生产方式由原有的以崇尚、敬畏自然的、以自然为本的生产方式转变为大规模的、机械的、以技术为核心的生产方式，对自然资源的过度消费发生在这些少数民族地区。生产方式的转变促使接触到这些现代性物质基础的许多少数民族的人们的伦理价值观在不断地适应它们。现在，许多少数民族人群加入到了外出打工的队伍中，对物质金钱的看法要比过去重得多，面对自然有时也呈现了过度利用、失去敬畏之心的情况。

由于不同于传统的现代性生活方式的介入，导致了大石山区少数民族人们的生活能力发生了变化。如在广西地方政府主导的基础设施大会战与扶贫政策的开展下，原本许多居住在山林里人们的房屋从草顶变为瓦顶等，传统的人畜共居现象大为减少；一些地方的异地安置工作的开展，也将少数民族的生活方式融入到了现代性的生活中，等等。原先，在大石山少数民族地区，人们对物的需求基本是"刚够就行"，对物没有过分追求的欲望，这种情况在许多时候被现代性视为懒、不思进取。由于传统生活方式的改变，消费水平不断提升，少数民族那种勤俭节约、团结互助、包容的精神也在发生改变，重利轻义的情况不断增多。

（三）现代性压力下伦理价值观发展的困境

一方面在与现代性冲突之中生存，一方面又在面对适应或不适应的问题，大石山区少数民族的伦理价值观处在一种"突出重围"的困境。

中国现代性不断展开的首要成就是如何利用现有的资源来提升经济社会发展的能力，这种模式使得中国经济社会快速发展。但是，基于这种模式下的生产力发展的制度设计一般来说是无特殊性、大规模简约的发展政策。这种发展模式造成了地域经济社会发展的同一性，同时也造成了经济社会发展的早中期阶段忽略了生态与人文环境的可持续性培育。如由于矿藏丰富，而土地复垦工作严重滞后，因此，工矿废弃地大量存在是其一大特征。① 少数民族地区的改变本来是缓慢的,这并不像其他区域对现代化有着强烈的需求。

当前,大石山区少数民族地区的现代性之路出现了困境,原有的现代性发展模式将在一定时期内留存,但生态文明构建中的回归自然、革命式的发展之路又将带来新的冲击。

(四)与现代性冲突下伦理价值观发展的要求

大石山区少数民族的伦理观发生了众多重大变化,这些变化又直接影响着、制约着他们的价值观,价值观的变化又反过来对伦理观产生影响。但是,这种循环并不仅仅是其内部的生发过程。每一个民族的伦理价值观都在发生改变、也必然会发生改变,往往重大的、断裂的改变来自于外部的要求。当前,最大的外部要求之一则是生态文明在中国的全面构建。党的十八大把生态文明建设提到前所未有的高度,我国少数民族地区地广人稀,如何在生态文明建设中做好少数民族地区的经济社会发展,做好发展与生态建设并进是维护好整个国家经济社会科学发展的重要因素。

大石山区中生活的少数民族具有一种整体和谐的自然观,他们敬畏生命、追求平等,他们大多都有着循环再生产的生产观,并且有的少数民族还拥有"天人合一"的文化观,这些构成了他们的生态伦理观,而这些与生态文明观的本质又有一定的相符性。② 生态文明构建与以

---

① 许联芳,刘新平,王克林,谭和宾.桂西北喀斯特区域土地开发整理模式与持续利用对策研究——以环江毛南族自治县为例 [J].国土与自然资源研究,2003,(4):36-38.

② 郭京福,左莉.少数民族地区生态文明建设研究 [J].商业研究,2011,(10):143-145.

GDP 为核心指标的经济社会发展是两种有着巨大差异的发展模式，而这对于少数民族地区伦理价值的变迁又有着重大影响。生态文明构建过程强调的是生态保护式的发展优先，而大石山区少数民族的伦理价值观在以 GDP 为核心的发展模式强力推进中已经有所变化，现在又将使这些地区的人们回归它们的传统生存方式与理念当中（虽然这种回归与以前有着本质的区别），这将造成许多少数民族民众伦理价值的混乱。要在大石山区中开展生态文明，就面对了这样一种生态文明的尴尬，原来被遮蔽的东西需要拨开其"面纱"，原来被毁坏的东西需要被重建。如何处理好两种不同发展模式所带来的社会变迁对少数民族地区人们伦理价值观的影响对于构建和谐社会与全面建成小康社会有着十分重要的意义。

生态建设表面上要求回归自然主义，这种自然主义与少数民族"对自然界的尊重，在物质方面的自足追求，对个人财产权利的拒绝，财富分配上的平等主义，以及相互间的责任意识"的表象是相吻合的，但是在现实中与少数民族的伦理价值观之间存在冲突。如何处理如好这些冲突，寻找进一步优化生态文明建设与少数民族伦理价值之间的互动空间和未来发展的途径，是生态社会实现"以民为本"的前提。

总之，在生态文明的全面构建过程之中，要不断地、积极地深入研究现代化开展对大石山区少数民族伦理价值观的影响，以及这种影响对生态文明在大石山区少数民族开展的反作用，才能有利于探索出一条适合于特殊的自然人文环境中的社会创新之路。

二、现代性对少数民族生态文化观的挑战

现代性必然对传统文化产生影响，一些现代性研究者也倡导对少数

民族地区进行"文化扶贫"，视少数民族文化为落后腐朽的东西，提出用现代性代替他们原有的思想观念，这严重影响了各民族的文化自信、文化自觉。① 在现实与观念的双重层面上，少数民族生态价值观遭受着各种挑战。

（一）无限生产对"刚够就好"的挑战

生产实践是马克思历史理论的基本观点，也是由经济、政治、文化、生态、人建构的社会产生、发展、演变的根本原因。"一切生产都是个人在一定社会形式中并借这种社会形式而进行的对自然的占有。"② 现代生产建立在以技术为发展手段的生产，不可避免地成为以资本为发展手段的生产。资本追求的是剩余价值的最大化，保护自然与资源被排除在外，除非保护自然与资源有利于获得更多的剩余价值。为了获得更多的剩余价值，就必然不断地、无限地生产出商品，不断地刺激消费者无限消费。这是现代性生产的最大特点。

在以往时期，少数民族基于与自然和资源的互动关系，对待物的态度基本上"刚够就好"，他们不奢求太多，也无法奢求更多，他们在朴素的生态式的价值观中不希望有太多的物质。③ 如果要获得超过个人及家庭的基本需要，他们完全可以通过以掠夺式的方式从自然中获得，但为了保持自身繁衍与生态的可持续性，对这种行为自觉地进行了规制。这也是一种朴素的平等观。当大家都一样时，获得更多不是一种荣耀而

---

① 蒙祥忠. 论贵州民族传统生态文化［J］. 贵州师范学院学报，2014，30（7）：6－8.

② 马克思恩格斯文集（第八卷）［M］. 北京：人民出版社，2009：11.

③ 庾虎. 广西生态文明建设中的多重人文环境研究［J］. 文化与传播，2014，（5）：38－41.

是一种负担。现代性的生产的目的是无限扩大,而不是为了需求,在这种生产目的中,越多就是好。

当少数民族与现代性接触时,他们的价值观受到了现代性的质疑,被认为缺乏竞争,保守,根土文化严重,是"懒、弱"的表现。对此,希望以现代性的"物关系"标准来改变他们的生产生活状况①,进而改变他们的生态文化观。

(二)工具理性对价值理性的挑战

工具理性是通过实践的途径确认工具(手段)的有用性,从而追求事物的最大功效,为人的某种功利的实现服务。马克斯·韦伯认为,工具理性明确意识到行动的目的,对所追求的具体目标进行价值大小的比较,根据预计的后果权衡行动的必要性,根据目的选择手段,以最小代价获得最大利益为选择标准,在行动中遵循严格的首尾一贯性,使一切行动合理而有序。工具理性是通过精确计算功利的方法最有效达至目的的理性,是一种以工具崇拜和技术主义为生存目标的价值观,所以"工具理性"又叫"功效理性",或者说"效率理性"。在马克斯·韦伯看来,随着宗教开始失去神性,物质和金钱成为人们追求的直接目的,于是工具理性走向了极端化,手段成了目的,成了套在人们身上的牢笼。

少数民族的行为往往是一种价值理性,无条件地以自身的信仰为最高原则。不计较个人行为本身的得失与否,而是从集体主义出发来维护他们与生态的关系。如"万物有灵"的文化观。他们并不以功利为最

① 任勇. 社会转型与少数民族价值观变迁:以西南地区为例 [J]. 新疆社会科学,2012,(3):43-50.

高目的，而是肯定功利又超越功利。少数民族在与自然环境和资源交往关系中实现了"以人为本""因地制宜""人人和谐"。① 现代性则往往从个人的成就、个人的幸福、个人的努力出发来阐释这个世界。在现代性指引下，人们往往从有用性出发，有用的就是好的，追求事物的最大功效并牺牲他人获得这种事物的权利，以工具崇拜和技术主义为生存目标，到了当代的全球化社会中，甚至形成了"一切为了资本"的极端工具理性。工具理性所带来的利益是直接的、具体的、短期的，这符合现代工业以来人对自身当下的肯定的价值态度，这个价值态度对少数民族那种间接的、潜在的、长远的生存方式产生了巨大的破坏力。

面对工具理性对生态的破坏，生态学马克思主义提出一种人与自然和谐发展的"生态理性"来代替"工具理性"。"生产和工业本身将不会被拒绝。如果说不是被异化的，它们是解放性的。资本主义最初发展了生产力，但现在它阻碍了它们无异化的和合理的发展。因此，它必须被社会主义发展所代替，其中，技术（a）是适应所有自然（包括人类）的而不会对它造成破坏；（b）强化了生产者的能力和控制力。"②

（三）控制自然对接受自然的挑战

自然能否可以被控制？自然是可以被控制的，这是近现代性以来，尤其是资本主义世界形成以来，以人类为中心的"自然"命题。自然可以被控制源于人的主体性得以增强，这种增强则是以技术代替了大写的"GOD"。神的位置被否定神的位格所代替，主体与客体可以截然分

---

① 金荣. 生态文明建设与民族传统文化的保护和传承——以广西少数民族地区为例 [J]. 民族论坛，2014（2）：81 – 84.

② 戴维·佩珀著. 刘颖译. 生态社会主义：从深生态学到社会主义 [M]. 济南：山东大学出版社，2005：355 – 356.

离。自然不再与神一样高高在上，而是被现代性所利用。自然能够被控制不仅是老牌发达国家的目的，也影响到了发展中国家。

对于少数民族来说，自然并不是外在于主体的，自然就是主体本身。正如马克思所说："自然界是人为了不致死亡而必须与之处于持续不断地交互作用过程的、人的身体。所以人的肉体生活与精神生活同自然界相联系，不外是说自然界同自身相联系，因为人是自然界的一部分。"① 大石山区少数民族在长期的生产生活方式中，将自然融入主体，而主体也融入自然，不允许对自然进行破坏，对自然的破坏就是毁灭自身。人与自然依然可以合一。这是一种消费当下、保有当下，甚至为未来消费做准备的生产生活方式。现代性则认为自然是可控的，越能控制自然，主体就越能体现其价值。之所以要控制自然，不是因为自然需要被控制，而是控制自然能够满足"一定人"不断扩大的需要。所谓"一定人"是指那些为了适应现代性"活法"而不惜与自然对立、与他人对立、与自身对立，以期觉得能够比别人活得更好。"一定人"是他者也是自我，是害怕被现代性吞噬的个体。现代性消费着未来，将未来的资源当下消费。从当下的结果看，现代性更能提升人的生产生活质量。从而，对少数民族那种与自然合一的文化形成了物质上的挑战。

三、大石山区少数民族发展中的 GDP 模式影响

经济发展的程度决定政治、文化、精神生活等国家其它领域的发展程度。经济运行的形式也能对政治、文化、精神生活等产生关键影响。

---

① 马克思恩格斯文集（第二卷）［M］．北京：人民出版社，2009：161.

就改革开放来说，影响中国社会各方面的一个非常重要的因素是对经济发展的考核形式。中国于 1985 年开始建立 GDP（国内生产总值）核算制度，到 1993 年中国正式取消国民收入核算，GDP 成为国民经济核算的核心指标。GDP 是联合国等五大国际组织共同制定的国民经济核算体系中的核心指标，是反映一个国家或地区经济运行状况的最重要的指标。目前，在经济领域还没有任何指标可以取代 GDP。GDP 指标最大的局限性是它所反映的都是经济领域的活动，对经济领域之外的内容则无能为力。因此，"唯 GDP 论"的实质就是只追求经济利益。① 唯 GDP 对人们的价值观产生了重要影响，甚至扭曲了人的价值观。金钱是成功的唯一标准，谈论一个人往往与房子、车子、票子联系在一起。大石山区也在改革开放以后受到"唯 GDP 论"影响，许多少数民族传统的伦理价值观受到 GDP 的冲击。

（一）生产方式的变化

按马克思主义的观点来看，生产方式由生产力与生产关系组成。生产力是人类改造自然的能力、是创造物质财富的能力。实现这种能力的过程是人与自然界之间主客体互动的过程。这一过程表现为两个方面：一方面，是主体客体化，即主体按自己的能力改造自然界，使自然界按照主体的要求体现出来；另一方面是客体主体化，即客体也影响着主体，客体从客观对象的存在形式转化为主体生命结构的因素或主体本质力量的因素，客体失去对象化的形式，变成主体的一部分。两个方面又表现为同一个过程。生产关系是人们在生产过程中的各自地位不同所形

---

① 郑学工. 不唯 GDP 论英雄是社会价值观的嬗变 [J]. 中国统计, 2015, (5): 58.

成的等级、层级、权力分配关系，它主要包括三个方面：生产资料归谁所有、人们在劳动中的关系和地位如何、产品如何分配。与生产力相比，生产关系发生的过程是人与人之间的相互关系的过程，更直接体现社会存在。生产力与生产关系的关系用马克思的话来说就是，"随着新生产力的获得，人们改变自己的生产方式，随着生产方式即谋生的方式的改变，人们也就会改变自己的一切社会关系。手推磨产生的是封建主的社会，蒸汽磨产生的是工业资本家的社会。"① 无论是生产力还是生产关系都不是僵化的，而是变动不居的。

从改革开放的历史进程来看，大石山区少数民族在现代性的 GDP 发展模式的影响下其生产方式发生了一些根本性的变化。归结起来，大概有如下几个方面。一是部分区域有了现代化的农业、工业生产，如"长寿之乡"的巴马县依托资源优势，大力发展特色农业、长寿食品产业、特色工业和特色旅游业，巴马丽琅和巴马活水两个高端矿泉水产品成为其龙头产品。这些产业的出现直接冲击着少数民族古老的生产生活模式。二是由于受到其他民族的生产生活方式改变的影响，外出务工的少数民族人数增多，并将务工挣来的钱与政府补贴用来改造原居住的茅草屋及购买现代生活用具，从现代性的角度来说，这在一定程度上改善了少数民族的生存状况。三是扶贫情况增多增大。广西开展多种方式在大石山区开展各种基础工程建设，改善了这些地区的生产生活条件，如在 2010 年启动大石山区人畜饮水工程建设大会战，历时 2 年的时间、投入 20 多亿元来解决这些地区中的 120 多万人饮水困难情况；在 2008

---

① 马克思恩格斯文集（第一卷）[M].北京：人民出版社，2009：602.

年开展了大石山区边境八县兴边富民行动基础设施建设大会战等。这扶贫工作的开展，在给少数民族区域带了突破性的现代性境遇时，又造成了传统与现代性的冲突。从上述情况来说，大石山区少数民族原有的传统生产生活方式在一定程度上瓦解了，取而代之的是具有现代性的生产生活方式。但是，传统性依然在一定程度上保留在这些地区人们中的思想观念中。

（二）制度文化的变化

从某种意义上来说，制度是生产关系在某些历史形式中的直接体现，但生产关系仍然无法完全包含制度对社会所产生的革命性影响。笔者曾以马克思文本中的交往来解释了制度与交往的关系。① 马克思于1846 年 12 月 28 日致帕·瓦·安年科夫的信中指出，"为了不致丧失已经取得的成果，为了不致失掉文明的果实，人们在他们的交往（commerce）方式不再适合于既得的生产力时，就不得不改变他们继承下来的一切社会形式。——我在这里使用'commerce'一词是就它的最广泛的意义而言，就像在德文中使用'Verkehr'一词那样。例如：各种特权、行会和公会的制度、中世纪的全部规则，曾是唯一适应于既得的生产力和产生这些制度的先前存在的社会状况的社会关系。在行会制度及各种规则的保护下积累了资本，发展了海上贸易，建立了殖民地，而人们如果想把这些果实赖以成熟起来的那些形式保存下去，他们就会失去这一切果实。"② 交往不仅对生产力的保存与传播，也就是物质文明的保存与传播起到了关键作用，而且也是制度文明、精神文明得以保存

---

① 庚虎.马克思历史理论与新全球化［M］.北京：中国商业出版社，2017.
② 马克思恩格斯文集（第十卷）［M］.北京：人民出版社，2009：43 - 44.

与发展的基础。在笔者看来，交往与生产是一对功能关系，二者相互影响、相互作用。

一个民族因其长期的历史文化积淀与交往，形成了自身特有的制度文化，一定的制度文化维持了一定民族区域的社会秩序、社会模式和人的行为，是开展经济生产和实现文化传承的保证，是连接民族地区的物质文化与精神文化的纽带。这些制度的维持者与实施者大多都是经过民主选举或自然形成，是大家公认的。如南丹县大瑶寨的"油锅制"是一种大家平均分配、各家各户互相帮助的制度文化；苗族的"议榔制度"是同宗共鼓宗族成员召开的会议，会上制定共同的生活规约，由全体成员共同执行，等等。

改革开放以后，党和政府虽然也考虑到了少数民族地区习俗和法律等特色的存在，但是这一场改革为了尽快实现现代化，在整体上是自上而下强行推进进行的。少数民族的制度文化在这场自上而下的改革运动出现了许多难以修复的裂缝。大石山区大多少数民族的制度文化多表现为习惯法，但是按照国家法律制度的要求来看，所有习惯法在没有得到国家正式认可之前都是不具有强制约束力的。随着现代性的深入，这些地区少数民族的习惯法的作用范围越来越小，有的地域的习惯法已经完全被政府法规所取代。同时，随着大量外出打工的民工给大石山区许多地方带来了新的思维、新的观念，习惯法对这些地方来说形同虚设，对他们来说这是无任何法律效力可言的。而对不断接受现代教育的大石山区少数民族的新生代，更是对传统的制度文化缺乏热情，有的还采取了直接反对的行为。

（三）伦理观的变化

在传统社会时期中，大石山区少数民族有着勤劳节俭、诚实守信、惩恶扬善、重情感恩的社会公共伦理，这是维护着人际关系的基本道德规范、维护着一地区的社会稳定，推动着社会的自然发展。这些良好的伦理道德内涵正是当代社会主义核心价值体系要推行的，也是生态文明建设能够更好地落实到少数民族地区的要件。

在随着外部经济的迅速崛起，大石山区传统的、落后的经济基础与制度文化受到冲击。这就动摇了这些地区的伦理道德存在的经济基础和政治上层建筑，从而使大石山区伦理道德观产生的重大影响，且一部分伦理道德观被大众伦理道德观所取代或同化。如在经济体制改革的深化过程中，一些瑶族地区的市场经济不断发展，瑶族那种"重义轻利"的伦理观发生了重大变化，一些瑶族居民开始为了个人私利而违背传统道德，原有的那种"夜不闭户"的生活习惯也难以见到了。

（四）价值观的变化

经过长期的社会发展的自然历程，大石山区少数民族相对来说形成了极为丰富的文化遗产，创造和形成了与其经济形态、生态环境和文化心理素质相适应的、具有特色鲜明的民族习俗和内情，其基本的价值观也就蕴藏于其中。① 如都安瑶族自治县的布努瑶形成了 套维护民族内部团结、抵御外部势力入侵的和干扰的组织形成，也形成了与自然和平相处、安于满足、平等互利、容忍克制、家庭天下的价值观。

随着改革开放和社会转型的推进，少数民族的价值观体系在不断发生变化，个体化趋势在少数民族成员中开始显现。② 首先是价值主体的

---

① 黄焕汉. 广西瑶族价值观研究——以都安瑶族自治县布努瑶为例 [D]. 广州：中山大学，2009：5.
② 任勇. 社会转型与少数民族价值观变迁：以西南地区为例 [J]. 新疆社会科学，2012，（3）：43－50.

变化。现代性的进程也造成无论多偏远的大石山区都遭受着多元化的选择，而出现诸如权利、义务等价值主体要素的错位、甚至迷失状态。这表现在一部分人一方面对本族群的内部价值观的否定，一方面又无法全面接受国家层面的现代价值观，形成了离散的人。其次是传统与现代价值观冲突所导致的变化。"一个已经存续多年的，曾经被人们信服、追随与拥戴的，具有不容置疑的统治地位的观念体系与权力体系，因其赖以生存的经济社会条件的革命性变化而导致其日益贫困化和苍白化，以致在某种程度上失去动员统摄的有效性"。① 在这种情况下，大石山区少数民族的保有多年的价值观进一步分裂。

四、GDP 模式中大石山区少数民族生态文明建设境遇

从大石山区少数民族发展中的受到 GDP 为核心的发展模式的影响来看，传统的生产生活方式、制度文化、伦理价值观都发生了深刻的变化，这种变化对一种本来就以生态文明（尽管这是初级的、需要变革的生态文明）为基石的少数民族地区自然发展的模式造成了冲击。这种局面无法解决少数民族地区的发展，也将影响到生态文明和小康社会的建成。

（一）生产方式出现了现代性难以避免的非生态文明境遇

在以 GDP 为核心的发展模式中，尽管大石山区少数民族的整体性从现代性的规约来看得到了一种发展，也造成了生产方式的祛生态文明化。

---

① 陈明明. 危机与调适性变革：反思主流意识形态 [J]. 经济社会体制比较，2010，(6)：104－107.

首先，大石山区是我国西南喀斯特区域的集中分布地区之一，土地石质化严重，水资源短缺，生态环境恶劣，在以 GDP 核心的发展力量推动下，一些地方开展了大规模的生物种养，也取得了一定的成绩。但是，在开发的过程中，出现了开发不当的情况，返贫现象时有发生。问题是，如果一般地区出现了返贫情况还是可以再扶贫。但这对大石山区脆弱的生态系统是难以承受的，而这些地区的少数民族也因失去了贫瘠的再生资源而面临迁徙。

其次，不同于传统的现代性生产方式的介入，导致了人们的生产方式发生了变革。原有的以崇尚、敬畏自然的、以自然为本的生产方式转变为大规模的、机械的、过度的、以技术为核心的生产方式。自然资源的过度消费发生在了这些少数民族地区。如大规模放牧山羊导致土地石漠化进一步严重。

再次，不同于传统的现代性生活方式的介入，导致了人们的生活能力发生了变化。如由于政府基础设施与扶贫政策的开展，许多居住在山林中人们的房屋从草顶变为瓦顶等，传统的人畜共居现象大为减少；而一些地方的异地安置工作的开展，也将少数民族的生活方式融入一般群众的生活中，并受其巨大影响，等等。这样的情况不胜枚举。由于传统生活方式的改变，少数民族那种勤俭节约、团结互助、包容的精神也在发生改变。

（二）制度设计中常忽视了少数民族地区本真的生态文明内涵

GDP 模式在中国的开展首要成就的是如何利用现有的资源来提升经济社会的发展能力，这种模式导致了中国经济社会的快步发展。但是，基于这种模式下的生产力发展的制度设计一般来说是无特殊性、大规模集约的发展政策。这种发展模式造成了地域经济社会发展的同一性，也造成了经济社会发展的早中期阶段忽略了生态环境与人文环境的可持续性培育。这种情况对少数民族地区而言也是一般存在的。这种情况在当前来看是对生态文明建设的后备资源的破坏。如由于矿藏丰富，而土地复垦工作严重滞后，因此，工矿废弃地大量存在也是一大特征。①

尽管在 GDP 模式的中后期，也提出了对大石山区生态文明各方面保护，但是由于 GDP 发展模式主导下的地方政府思维并没有解放过来，制度存在缺失与不规范。自认为是帮助了少数民族地区，然而往往是保护少于破坏，建设少于损毁，这是经济社会发展中对生态文明建设内涵认知的不足，也是 GDP 发展模式下一种无意识的后果。大石山少数民族地区本身就蕴藏着宝贵的生态文明生成的初级意识，但是这些初级的生态文明与 GDP 发展模式一碰撞就被压倒了。

（三）伦理观中的生态思想受到压制

大石山区中生活的少数民族具有一种整体和谐的自然观，他们敬畏生命、追求平等，他们大多都有着循环再生产的生产观，并且有的少数民族还拥有"天人合一"的文化观，这些构成了他们的生态伦理观，而这些与生态文明的本质又有一定的相符性。② 但是这些适应生态文明建设的伦理观，在以 GDP 为核心的发展模式中被遮蔽了，甚至被现代

① 许联芳，刘新平，王克林，谭和宾．桂西北喀斯特区域土地开发整理模式与持续利用对策研究——以环江毛南族自治县为例 ［J］．国土与自然资源研究．2003．（4）：36－38．

② 郭京福，左莉．少数民族地区生态文明建设研究 ［J］．商业研究，2011，（10）：143－145．

性破坏了。现在我们要在大石山区中开展生态文明，就面对了这样一种生态文明的尴尬，原来被遮蔽的东西需要拨开其"面纱"，原来被毁坏的东西需要被重建，这已经很困难了。但是GDP的影响又难以在短时间内发生全面的变革，这更增加了在大石山区开展生态文明建设的困难性、复杂性。

（四）改变了的价值观导致生态问题

所谓价值是指某物对人的有用性，即物对人的满足与人对物的需求。在大石山区少数民族地区，人们对物的需求基本建立在"刚够就行"的状态之中，没有对物过分追求的欲望，这种情况许多时候被视为懒惰、不思进取。在GDP为核心的发展模式中，如何获得最大产出是其前提，这种产出并不介意产生GDP的质量前提。如，洪水泛滥可以产生大量GDP，因为防洪要修建大量的防护堤，这与建筑房子一样算入了GDP的增长中；又如生病一样能产生大量GDP，因为购药与一般消费一样算入了GDP的增长中。而如何能够无限的消费则是GDP为核心的发展模式的目的，消费成为推动GDP增长的关键。在这样境遇中，大石山区的少数民族人们也在不断地揭高消费，尽管许多消费相对以前来说是不必要的，对于提升其生活水平是无意义的。并且，为了满足日益扩大的无意义的消费，而不断提升对自然的获取，过度消费了原本非常贫瘠的自然资源。价值观的改变直接导致了原来突出的生态问题更加严重。

五、社会主义核心价值观推进少数民族伦理价值观的传承与创新——以瑶族为例

从现有文献来看，研究少数民族地区社会主义核心价值观"认同"

"推进"等关键词的论文、著作仅 20 余篇（部），具有高质量的文献更少。本书以大石山区瑶族为样本，对社会主义核心价值观融入的现实性、困境及融入路径进行了分析，以期从社会主义核心价值观为推手传承与创新大石山区少数民族伦理价值观方面的专题研究提供文献。

（一）国家层面社会主义核心价值观融入的实际、问题、方式

富强、民主、文明、和谐是社会主义核心价值观在国家层面的体现。富强是国富民强，是中国近代以来追求的第一需要。民主的实质和核心是人民当家作主，自己管理自己的各类事务，主权在民。文明最初是教化，而后演化成与野蛮相对立的一种精神状态，是对国家行为的认同。和谐是国家给予不同群体、个体的自由度，使差异化个体能够得到发展的境遇。桂西北瑶族分布的特点是大分散、小聚居，主要居住在大石山区里。在以大石山区为主要特征的桂西北地貌中，这一特点尤为明显。各分散在山区中的瑶族聚落村寨一方面形成了一个较为自主的组织结构，从事生产生活，另一方面经常联合起来共同抵御残酷的阶级压迫。如明末清初时，由于瑶族同情南明政权，与南明军队一起抵抗满清军队的进攻。这种历史情怀，造就了一个具有强烈自主意识的瑶族。同时，由于桂西北瑶族长期生存在生活资料贫乏的大石山区中，个人及整个村落都具有强烈改善生存环境的忧患意识。这些现存的实际情况为国家层面的社会主义核心价值观融入提供了繁衍之地。

富强是中华民族梦寐以求的美好夙愿。然而，由于桂西北瑶族所生活的地域生态环境恶劣、人口受教育水平较低，瑶族个体大多是贫困的，与周边一些社群存在着相对、甚至绝对的贫富差距。这种差距一方面制约了瑶族精神文化的发展，另一方面瑶族群体为了对抗外部快速变

化的社会环境，无意中为了强调本民族的特性而规避外部施予的变革贫困现状的力量，导致瑶族文化在保守中退隐。越是这种退隐，其民主开展的程度越是受到原有习俗、习惯、规制等自我防范的抵御。国家层面社会主义核心价值观不是传统价值观，它以现代性为背景生成。然而，中国的现代性不是自生自发、进而走向自为的过程，是外来输入的。现代性的最大特征是同一性，输入的现代性的同一性导致了瑶族原本具有"和而不同"的和谐原则发生了变化。

面对桂西北瑶族地区贫困问题，按照阿玛蒂亚·森的观点来看，贫困意味着贫困人口缺少获取和享有正常生活的能力，造成其创造收入能力和机会低于正常值。富裕这一社会主义核心价值观融入的前提是让瑶族人口获得更多的机会祛除贫困。当贫困程度降低至正常社会水平时，瑶族群体将不再把自身视为经济上的"少数"，进而为民主、文明、和谐奠定物质基础。瑶族的习惯法是一种自生自发的秩序，一种内部秩序，与目的明确的成文法的那种人造秩序不同（哈耶克将政治制度分为两种秩序：自生自发的秩序与人造秩序。人造秩序是一群精英为了特定的目的故意设计的秩序）。因而，瑶族的习惯法表现出民主性、民族性、群体性、原初性、神威性。[1] 虽然瑶族的习惯法等制度在国家制度推进过程中已经"退居二线"，但是习惯法的延续性使其仍在规训瑶族各方面的行为。学会尊重桂西北瑶族价值观对民主、文明、和谐的观念，提炼这些观念中的合理因素并进行升华，也是社会主义核心价值观融入的另一路径。可以说，解决国家层面社会主义核心价值观融入最根

---

① 高其才. 瑶族习惯法特点初探［J］. 比较法研究，2006，(3)：1-14.

本的是要解决现代性问题与瑶族自身价值观之间的冲突。问题解决的过程，即是桂西北瑶族家园建设提升的过程。

（二）社会层面社会主义核心价值观融入的实际、问题、方式

自由、平等、公正、法治是社会主义核心价值观社会层面的体现，也是社会美好的象征。自由其本质是人的发展能力得到发展，就社会来说是从必然王国走向自由王国。在还不能实现按需分配的社会中，平等要求人们在法律面前平等，通过平等参与、平等发展，不断实现实质平等。公正即社会公平和正义，它弥补了形式平等的缺陷，调和了个人先天与后天不足的环境不平等，推进实质平等。法治是社会建成过程中的自我稳定的机制，它保障自由、平等、公正在社会主义社会初级阶段（及有国家阶段的社会）的走向。大石山区瑶族在长期与自然环境斗争、对抗、自我调整的历史过程中，认为"万物有灵"，形成了"天人合一"的文化观，为自身在必然王国中找到向"自由王国"迁徙的朴素之路。这种探寻"自由王国"的过程，桂西北瑶族学会了平等对待物与人，探索人与人平等、人与自然平等的生产生活方式，给予陷入困境的个人、家庭、甚至村寨扶助。在法治方面，瑶族有"石牌制"（把有关农业生产、维护社会秩序的法则，制成若干条文，刻在石碑或书写在木板上，当众宣布，让全体成员遵守）、"瑶老制"（指在村寨里负责处理对内、对外的各项事务，得到群众信任的老人）等等，为自由、平等、公正在瑶族社群中得到初步发展提供了相应的保障。社会层面社会主义核心价值观在瑶族群体中开展融入工作是具有现实性的。

然而，无论桂西北瑶族人民想要如何实现"天人合一"，摆在他们面前的是土地石质化严重、水资源短缺、生态环境恶劣的喀斯特地质。

桂西北瑶族在改革开放之后，生产生活方式发生了很大的改变，然而依然受到自然环境的制约。同时，现代性一方面为桂西北瑶族摆脱必然性提供了工具及工具理性，另一方面却改变了桂西北瑶族那些流传下来的价值理性，在这一情势中，平等、公正、法治受到现代性的影响则成为必然，反过来影响社会层面社会主义核心价值观在桂西北瑶族家园建设中的推进与融入。

马克思说："生产力的这种发展（随着这种发展，人们的世界历史性的而不是地域性的存在同时已经是经验的存在了）之所以是绝对必需的实际前提，还因为如果没有这种发展，那就只会有贫穷、极端贫困的普遍化；而在极端贫困的情况下，必须重新开始争取必需品的斗争，全部陈腐污浊的东西又要死灰复燃。"① 自由也好，平等、公正、法治也好，必须建立在把握自然规律与社会规律之上。因而，社会层面社会主义核心价值观在融入过程中首要是解决桂西北瑶族存在的必然性问题。这种解决不是说要消灭必然性，是为瑶族提供把握必然性的正确工具，防止、消除原有现代性对此地和该民族的不良影响。在平等与公正方面，则要解决形式平等，达到实质平等。平等从物质角度来看，包括分配平等与交换平等。分配平等指的是按人口进行分配，这种平等在桂西北瑶族中曾是主要方式，社会主义的按劳分配是分配平等的一种变型。在市场经济成为社会主义基本经济制度之后，交换平等则成为社会主要平等形式。交换平等是基于个人努力获得物质生活资料，这种平等的天生缺陷在于每个人天生就不均衡，如智商、身高、出身、相貌、气

---

① 马克思恩格斯文集（第一卷）［M］．北京：人民出版社，2009：538．

质等。对于桂西北瑶族来说，交换平等是现代性对其的"殖民"。从而，社会层面社会主义核心价值观在融入的过程中，必须考虑分配平等与交换平等之间的调和，实现一种公正。在法治方面可以吸收桂西北瑶族自生自发的秩序，为其提供更适宜的人造秩序，以便桂西北瑶族人们可以自由地选择发展方式。

（三）公民个人层面社会主义核心价值观融入的实际、问题、方式

爱国、敬业、诚信、友善是社会主义核心价值观公民个人层面的体现，它直接规范着个人行为，是公民必须恪守的基本道德准则，也是评价公民道德行为选择的基本价值标准。爱国是个人对生活于其上的、由祖先开辟的、生生不息世代相传的山河土地，有了崇拜、爱惜和捍卫之心，对流传的文化怀有真挚的情感。敬业是对公民职业行为准则的价值评价，要求在行为中体现出奉献。诚信是社会正常运行的基础之一，是立人、立国的根本，也是道德建设的重点内容。友善重点强调人与人的交往关系，这种关系树立在"善"之上，在社会中"友善"实为"和谐"的个人层面。在传统社会时期中，桂西北瑶族形成了一种"诚实守信、勤劳节俭、惩恶扬善、重情感恩"的社会公共伦理，这种个人层面的价值观维系着大石山区的社会稳定，推动着社会的自然发展。①可以肯定，公民个人层面社会主义核心价值观的形成同样契合包括瑶族伦理价值观等少数民族的文化传统、爱国主义传统。公民个人层面社会主义核心价值观与桂西北瑶族价值观的重合之处正是其厚植的关键之处。

---

① 罗展鸿，庾虎. 现代性视角下的桂西北大石山区少数民族价值伦理观研究［J］. 经济与社会发展，2014，（4）：41 - 43.

　　与那些包容的、积极的价值观相比，桂西北瑶族也存在着许多让公民个人层面社会主义核心价值观融入受阻的情势。瑶族有着自己的祖先起源观、有着一整套自己信仰的仪式真理，在信仰变迁过程中，道教对瑶族影响也很大。在日常生活中，各种带有迷信色彩的忌讳在瑶族社群中流传，如入睡时梦见太阳落山，即认为父母将遇小灾；梦见滚木下山，预兆即将发财等等。在行为方面，一些村寨存在调解不成武力解决的行为方式等。许多人认为，正是这些落后观念和行为方式严重阻碍了瑶族发展。与此相比，几十年来的现代性的撞入，则不断地使那些能与公民个人层面社会主义核心价值观相吻合的观念遭到破坏，对他人的"善"低于以往，对金钱的态度重于以往、对自然的尊重失去了往日的情调等等。传统与现代性正在激烈地交织着。①

　　面对相容性不断减少而异化增加的桂西北瑶族价值观，公民个人层面的社会主义核心价值观融入应当首先解决桂西北瑶族富有活力的价值观与现代性之间的冲突。从发生学角度来看，组织的行为是最难以改变的，其次难以改变的是群体的行为，而最容易改变的是个人的行为。桂西北瑶族中个人虽然深受传统习惯力量的约束，但是现代性的速度性、非个性往往容易成为个人突破现状的抓手。其次，要解决那些与时代精神不相符的传统习俗，这种解决方式不仅需要恰当的说服手段，更需要制度规约。如诚信在传统瑶族社群中，主要是自我约束、自我规范、社群提倡，约束非诚信的行为往往较"软"，非诚信行为时常普遍发生。基于与传统瑶族价值观不同，市场社会诚信观更多的是以制度为核心实

---

① 庾虎，罗展鸿. 生态文明与 GDP 博弈下的桂西北大石山区少数民族发展境遇研究 [J]. 桂林航天工业学院学报，2014，(1)：78-82.

行"硬约束"。① 个人层面的价值观最容易受到外部环境的影响进而发生变化,这种变化又以个人为扩散点对所在的社群内部产生或积极或消极的作用。在公民个人层面社会主义核心价值观融入的过程中,要以制度完善防范那些对桂西北瑶族个人价值观的负效应,同时推进积极效应的榜样作用。

"在义务扩展适用的过程当中,肯定会伴随着义务内涵的减少;而那些有着极深的道德情感的人所反对的正是这一点。的确,这些必定会被否弃的义务对于小群体的凝聚力来说乃是至关重要的,但却是与一个由自由人组成的大社会的秩序、生产活动及和平不相容合的。"② 桂西北瑶族传统的价值观肯定会改变,是由桂西北瑶族社群传统价值观改变的必然性所决定,这是任何一种价值观的必然走向。正如"自由"一词的内涵,黑格尔所指向的自由之路与马克思所指向的自由之路是不同的,而我们所理解的"自由"之意也无固定之内涵。总的来说,社会主义核心价值观在桂西北瑶族的厚植应与其契合点为着力点,防止其原有的伦理价值观被现代性的负作用消弭。

---

① 罗展鸿. 传统诚信观及其价值探讨 [J]. 桂林航天工业学院学报, 2016, (2): 252 - 255.

② 哈耶克著, 邓正来译. 民主向何处去?: 哈耶克政治学\ 法学论文集 [M]. 北京: 首都经济贸易大学出版社, 2014: 278.

第五章

国内外如何看待生态文明

随着生态的有限性与资本主义生产的无限性作为资本主义社会的主要矛盾的出现，西方社会理论界出现了从生态角度批判资产阶级社会的生态学马克思主义等学派。生态学马克思主义认为生态危机是资本主义社会危机的本质，生态危机是资本主义无限追逐利润、完全建立在经济理性基础上的生产方式的后果，这是资本主义所必然造成的结果。① 奥康纳在《自然的理由》一书中论证了"可持续性发展的资本主义是不可能"。② 生态学马克思主义将人的日常生活放到了明显的位置，提出人与自然的新关系，坚持通过人与自然合理构建、经济社会发展与自然发展相协调是一种新的社会主义模式来坚信社会主义必然能够取代资本主义。"生态社会主义的崛起反映了传统社会主义理论的重大转折。"③本章选取了英国学者安德鲁·多布森与德国学者马丁·耶内克二者的著作作为国外研究生态问题的视角。多布森主要是从技术与意识形态来看

① 庾虎. 马克思历史理论与新全球化［M］. 北京：中国商业出版社，2017.

② 詹姆逊·奥康纳. 自然的理由——生态学马克思主义［M］. 南京：南京大学出版社，2003：382－383.

③ 陈学明，王凤才. 西方马克思主义前沿问题二十讲［M］. 上海：复旦大学出版社，2008：307.

生态问题，耶内克主要是从制度及全球社会来看生态问题，具有一定的代表性。就国内来看，理论、实践、象牙塔等各方面等对生态文明进行了关怀，逐渐形成了习近平新时代中国特色社会主义理论的生态文明理论与实践部分，本章以理论先行，然后立足当下、展望未来，阐述了习近平生态文明思想。

一、从生态主义看生态文明

《绿色政治思想》一书由英国学者安德鲁·多布森所著。该书 1990 年出版之后，在 1998 年、2000 年出版了第二、第三版，是一部难得的环境政治学研究领域中的学术畅销书。该书确立了多布森在欧美生态政治理论研究领域中作为权威学者之一的地位，也是生态政治理论中"生态自治主义"的经典著作（该书中译者郇庆治）。由于生态主义已经是一种有着独特的社会现实描述与未来社会规划的政治意识形态，多布森指出生态主义与环境主义是两种不同的理念，并试图阐明生态主义是一种不同于并且是与保守主义、自由主义和社会主义等传统政治意识形态的"不可通约"的意识形态，具有独立的政治地位，生态主义在进入 21 世纪后将发挥它更大的作用。

（一）成为意识形态的生态主义

面对生态主义与环境主义之间在形式上似乎有着共通之处、大致相同的观念，多布森对生态主义与环境主义进行了严格的区分。通过这种区分奠定了生态主义能够成为意识形态的基础。

在多布森看来，环境主义大致对应于一种"浅生态学"理论，这一理论关心的是"污染与资源枯竭"的问题，是对人类生活的存在问题的浅层关心；生态主义则大致对应于一种"深生态学"理论，这一理论基于自然自身利益的生态原则，是对人与非人自然及之间关系的一种深层关心。环境主义本质上是一种技术主义，往往追求的是一种技术改变，如无铅汽油、素食主义、污染抗议、低碳消费、减排等方面。这种战略常为生态主义中的绿色理论家所质疑。例如，许多绿色分子认为循环利用技术不可能提供任何根本性的回答，这种技术本身使用资源、耗费能源、造成新污染。

"环境主义主张一种对环境难题的管理性方法，确信它们可以在不需要根本改变目前的价值或生产与生活方式的情况下得以解决，而生态主义认为，要创建一个可持续的和使人满足的生存方式，必须以我们与非人自然世界的关系和我们的社会与政治生活模式的深刻改变为前提。"① 在这一区分中，多布森视环境主义只是一种改良现实的方法，没有追求对现状的根本改变，生态主义则不同，它是一种追求社会根本变革的理论，尽管多布森没有找到根本变革的主体（多布森似乎认为他大体是找到了"主体"，但主体太过于复杂而难以达到联合，也就是说"主体"还在生成中）。由于绿色政治对当代科学与社会规范和实践的挑战受到许多攻诘，这种受攻诘的"主义"恰恰是一种意识形态的前提。因为，能够作为意识形态的"主义"目前都在受到攻诘。当然，不能就此断定生态主义就已经是一种意识形态了。因为，意识形态追问的是我们最根本观念的基础和有效性，它的性质是批判的。

生态主义以一种意识形态出现，并不是生态主义一经出现就已是一

---

① 安德鲁·多布森. 绿色政治思想［M］. 济南：山东大学出版社，2012：2.

种意识形态了，至少在 20 世纪早中期之前是不具备的。多布森把对生态主义基础的寻找与对意识形态本身的描述区分开来，认为生态主义成为时代关注的焦点一是因为环境破坏成为一种全球向度，二是问题的解决不再是地方性，并且难以解决。① 这是生态主义作为意识形态存在的前提，没有这些，生态主义至多在环境主义的边缘挣扎。

多布森最终确立了生态主义能否成为一种意识形态存在的两个至关重要的条件：独立的纲领和拥有实行纲领的主体。其中，生态主义的纲领是维持一种"可持续"原则。作为生态主义的核心性绿色立场"可持续性"原则认为，技术解决方案本身不会带来一个可持续社会，工业化和工业化进展中社会追求的高速增长可能经过一个较长时间积累的危险会非常突然地产生一种灾难性的后果，而增长引起的难题的相互影响意味着这些难题不可能被孤立地解决，一个问题的解决可能会引起其它问题的加剧或产生新的问题，这是核心中的核心问题。我们面临的难题是关联性的，从而对问题的解决带来了不确定性。我们永远不清楚这种不确定性，及所经历的过程，面对的只能是不确定的后果，而对后果的干预又将造成新的不确定的后果。人类的知识永远无法跟上这种认识。对于确立生态主义的另一个条件，实现纲领的主体将在下一节进行着重讨论。

多布森基于这两个条件将生态主义视为一种意识形态，而且是一种新的政治意识形态；环境主义不是新的意识形态，因为它根本就不属于意识形态范畴。并且，环境主义与生态主义根本无法达成真正的合成。

---

① 安德鲁·多布森. 绿色政治思想［M］. 济南：山东大学出版社，2012：31.

生态主义者和环境主义者虽然都受到了他们所观察到的环境退化的激励而行动，但是二者在克服生态问题的战略方面却相去甚远。生态哲学家关心应当是非利益性的，但这已经被环境主义的政治理论家多数所抛弃或至少被搁置了。作为一种意识形态的生态主义同时也与自由主义、保守主义有着根本差异，社会主义者也无法占用生态主义。尽管生态主义与社会主义都认为资本主义是造成人与非人自然之间关系紧张的根源，但生态主义者把社会主义与资本主义一起归结为问题的根源。

那么，成为意识形态的生态主义有着哪些与众不同的特征与内容呢。增长的极限是其主要观点。多布森认为生态主义中的彻底的自然主义是基于人类是自然创造物的信念，在这一信念之下自然限制被得到承认，并且自然世界就是人类世界的范本。自然不应是鲜血淋漓，而是一种和平的、宁静的、茂盛的和绿色的状态。"对于绿色政治的理论武器而言，核心性的是关于我们的社会、政治和经济难题，这个难题实质上是由我们与世界的智力关系以及依此产生的实践所引起的信念。"① 就算是环境与资源存在着无限性，依然面对着不能以纯工具性的方式来对待自然的要求。

世界是相互依赖的，这是政治生态主义的另一个核心原则，即它是一个反人类中心主义，希望建立一种以生命为中心的或生物中心主义的哲学。这种意识形态具有一定的超越性，对于从根本上解决问题仍是有益的。有些事件不应该是一个个的解决、不应该从简单到简单、再到较为复杂的解决，而是一开始就应该从最复杂入手来解决问题。只是，这

---

① 安德鲁·多布森. 绿色政治思想［M］. 济南：山东大学出版社，2012：37.

种过程是痛苦的。生态主义以非人类中心为伦理观，多布森并不完全反对问题的逐步解决方式，"弱含义上的人类中心主义是人类生存状态下的一种不可避免的特征"①。所谓的弱含义指称这样一种情况，人类必须利用自然及非人类系统，但这种利用不是工具性，即不是非正义和非公正的。

从而，"生态主义是一种改造性的意识形态：它试图改变心灵、精神和行为，而一种物种主义和人类沙文主义的意识本身不能带来海瓦德本人认为必要的、对非人自然世界的'同情性的道德品格'"。② 这种意识形态所确立的改造方案是建立在社会实践之上。多布森的生态主义的意识形态具有实践性，并希望绘制一个预设性绿色社会蓝图的根本性框架，接下来将发现这一框架的原则就是"可持续性"。

（二）作为意识形态的生态主义的指向

一种"主义"要成为意识形态，必须有其政策和纲领，同时拥有实行政策和纲领的手段与主体。那么，生态主义的指向与主体是什么。多布森极力想找到这样一个答案，尤其是在主体方面，却没有完全的实现。不过，多布森仍然大概指出了相应的方向，只是"说起来容易，实现难"的社会现状让他或多或少有了一些保留。他在将生态主义的意识形态所要表达的要求进行概括时，说道，"我是在专心致力于描绘（生态主义）的一种'理想形态'"③。虽然将自己的政治处方植根于一种充满不确定性的现实中，多布森依然认为这种追求是有所值的。

---

① 安德鲁·多布森. 绿色政治思想［M］. 济南：山东大学出版社，2012：51.
② 安德鲁·多布森. 绿色政治思想［M］. 济南：山东大学出版社，2012：56.
③ 安德鲁·多布森. 绿色政治思想［M］. 济南：山东大学出版社，2012：4.

　　生态主义是左翼的，它主张不管是人类之间还是人类与其他生命系统之间的关系是平等的。同时，生态主义主张以整个生产过程中物质消费的减少和生产消费的减少来达到可持续性发展。在这两个主张下，生态主义希望产生一场新的革命，"生态主义将作为物质客体的地球变成了其智力创造的奠基石，主张它的有限性是为什么无节制的人口与经济增长是不可能的和为什么我们的社会与政治行为需要发生深刻变化的基本原因"①。那么，什么是多布森期望的社会变革战略，这些战略能够担当起它们所肩负的责任吗？

　　绿色运动将其计划基于体制的改革，而不是改良现有体制。由于无序的市场和权威性的制度与自我更新制度的自治发展相矛盾的，多布森希望建立一个自立社会——引导着需要理论的发展、减少人口水平的建议、"技术毒品"的质疑和对可持续能源来源的支持。自立社会是以"自然的"世界表象来进行制度安排，按自然方式来组织社会。对于这种变革，多布森依然认为可以通过议会来实现。绿色运动寻求进入立法机构，通过影响立法进程、政策制定与落实、或形成压力集团来取得话语权。尽管民主在资本主义制度下受到限制，但可以通过改变民主方式实现议会的转变，从而祛除权威主义对民主的束缚。多布森希望让民主成为生态主义的核心价值，明显倾向于非集中化的社会建制。

　　要形成一种非集中化的社会建制，必须寻求一种"解放政治"之后的后工业主义式"生活政治"。这样一种政治能够改变一种社会存在，通过选择商品、语言、工作、投资、交往等来达到。通过个性的改

---

① 安德鲁·多布森. 绿色政治思想 [M]. 济南：山东大学出版社，2012：6.

变来改变行为，行为的改变则可形成一种可持续的生活方式。生态主义就是一种是生活政治，这隐含在多布森的理论世界中。绿色运动主张，当前环境退化和因此正带来的社会紊乱是每一个人都将面对的难题，涉及每一个人的利益，必须每一个人都认识到、并给予关心。这是一种普遍性的诉求。人类应该顺从而不是违背自然世界来生存生活。从而，多布森将劝说（劝说的主要途径是教育）作为生态主义的意识形态的重要视角。但是，面对并不是每一个人都希望可持续的社会状态时，劝说成为绿色运动的最大难题。减少消费的主张有利于可持续，但面临着一个深刻的政治和智力难题，如何去劝说那些潜在的支持者去追求这一目标，同时还必须面对对立面的诘问——该怎么去实现生活质量。从而，指出可持续社会的一个关键特征：物质财富的平等（公平、公正）分配。

尤其是在阶级关系方面，多布森同意不仅要通过"教育"方式来实现人们价值观的转变，而且要寻求一种与教育的变化相一致的社会物质基础的变革。但是，多布森并不认同：实现这种变革并非某一阶级的事，而是"每一个人"的绿色运动的意识形态的观点。长远来看这种观点值得拥有，可从目前来看，在社会中存在一个相当规模的和有影响力的部分希望通过延长环境危机的来获得物质利益，同时有权财势的更容易规避环境危机中的个人风险。应该放弃那种乌托邦、普世主义的战略，在社会中形成一个"团组"，其成员的现时利益存在于以深绿色完整意义所蕴涵的方式进行生活。① 多布森引用了马克思关于对乌托邦社

---

① 安德鲁·多布森. 绿色政治思想［M］. 济南：山东大学出版社，2012：51.

会主义思想与运动的批判理论，指出社会变革必须建立在社会中的一个特殊阶级之上，这一特殊阶级具有普遍、一般的利益诉求。多布森也希望能找到这样一个阶级，这一个阶级能够在实现拯救自身的同时拯救人类整体，这与马克思在某些方面有着相通之处，但是多布森要找的这一阶级并不是无产阶级。多布森认可一种"后工业无产阶级"——失业者群体（包括失业者、偶尔工作者、短期或临时工作者等组成），这是一种在资本积累限制与消费无限下的边缘化群体，"后工业无产阶级"并不同于现有的工业无产阶级，它与传统无产阶级相比不太容易被预占和殖民化。① 多布森也认可生态女权主义将妇女视为社会变革的代理，因为女权主义旨在促进一种更健康的所有人之间的以及人（特别是男性）与环境之间的关系。② 但是，多布森认为目前仍看不到一个联合起来的阶级。也许，一个有着变革社会现有关系的、又能够联合起来的阶级才是他要寻找的。

（三）作为意识形态的生态主义的价值

对于生态主义为什么要关心环境的理由，多布森将其概括为两个类型：一是主张人类应当保护环境，因为这符合我们的利益（这是主要的、显性的理由）；二是主张环境的价值并非仅仅作为人类目的的一个手段，即使它不能成为人类目的的一个手段，它也仍然有价值意义上的内在的价值（这是深藏于背后、隐性的理由）。生态主义它最重要的贡献是提出并坚持一种"可持续"原则，这种"可持续"原则具有两个特征：一是发达工业国家中个体的物质商品消费应当减少；二是人类的

① 安德鲁·多布森. 绿色政治思想［M］. 济南：山东大学出版社，2012：161.
② 安德鲁·多布森. 绿色政治思想［M］. 济南：山东大学出版社，2012：197.

需要并不能像今天所理解的那样可以通过持续的经济增长得到更好的满足。因而，在它坚持一种"可持续"原则时，也就大力反对着那种非持续观念与行为。这种反对直指以技术创新为名的生产与生活消费，必须在某些方面限制消费，技术不是解决持续发展的最终力量。自认为是可以进行无限循环的生产只是技术主义而不是生态主义，并且通过循环来解决基本问题只是一种幻想。

在这一前提下，有着工业主义历史的资本主义与新兴的发展中国家，包括社会主义国家的当代发展方式都被认为是一种非持续性。无论是资本主义还是社会主义在生态主义看来，它们之间的相似性要大于它们的差异，二者都有着一个一般性的名称"工业主义"。工业主义"受害于它破坏着使其成为可能的背景条件的内在矛盾，即在一个并不具有无限地吸收工业过程产生的废物的世界里不可持续地消耗着有限的资源积累"。[1] 生态主义隐含着自反性的观点，自反性表达了这样一种情况：存在着这样一种社会，一种胜利会被其获得胜利的条件所将遮蔽，因为胜利破坏了胜利所形成的条件，形成一种无意识的后果。[2] 这种无意识的后果才是促进历史前进的深埋于表面后的本质。这对当前社会主义生态文明建设提供一种暗示。对于社会主义来说，后社会主义可能是生态社会主义的实践，要达到这种情况，必须改变对现有社会主义的传统认识，包括经济的、政治的、技术的。后社会主义有着两种不同的使用方法：一是作为一个技术化、富裕的和服务的社会形态；二是作为一种胜利后而进行变革了生态经济。后者虽也使用"后社会主义"，但内涵已

---

[1] 安德鲁·多布森. 绿色政治思想 [M]. 济南：山东大学出版社，2012：27.
[2] 贝克，吉登斯，拉什. 自反性现代化 [M]. 北京：商务印书馆，2004：6.

经全新。现在的社会主义建设更多地使用的是第一种方法，而第二种方法才是生态主义的根本所求，也应是社会主义建设的一种长远目标。

我们来自地球，我们所有的财富也来自地球。"在现代政治思想中，生态主义的重要而全新的贡献之一是我们的自然状况影响并限制着我们的政治状况的观念。"① 这是生态主义理解人与非人类自然的方向。从而，将对马克思唯物史观解读过程中被遮蔽的自然因素颠倒过来了，重塑了我们对自然的认知观。绿色意识形态认为，经济增长之所以有着终极约束并非由于社会原因比如限制性生产关系，而是由于地球本身具有有限的承载能力（对于人口而言）、生产能力（对于各种资源而言）和吸收消化能力（对于污染而言）。从而，认为经济增长的决定性来自于自然环境，而不是生产关系。虽然这种论述还值得进一步批判，但将马克思未过多关注的自然因素放于社会发展是生态文明不可或缺的内容。

尽管多布森指出了生态主义作为意识形态存在所显现的理论与现实价值，但是多布森更多地希望通过道德的、精神的变化来达到社会的变革。多布森认为文化是社会构建创新的关键，它倾向于"重铸人们及其它们在非人自然世界中思考、发生关联和行动的方式"②。生态主义将文化融入了尊重地球与重新发现人类与自然的关系中，生成一种新的价值观或意识形态。这也导致生态主义有时呈现了一种乌托邦的政治意识形态。

多布森所探讨的生态主义的价值虽存在偏颇，其中蕴涵的批判性在

---

① 贝克，吉登斯，拉什. 自反性现代化 [M]. 北京：商务印书馆，2004：182.
② 安德鲁·多布森. 绿色政治思想 [M]. 济南：山东大学出版社，2012：110.

一定程度有利于当前中国社会主义生态文明建设的思考。如正义与环境是两个相互关联的议程，社会主义与资本主义都面临这两个问题，也都在探索财富的重新分配与环境的改善的关系；而自由、平等这样一些词从生态主义立场来看也许并不具有姓"资"还是姓"社"的问题，因为对独特性的宽容和对多样性意见的容忍是能够接受的并受到称道的社会。因而，多布森将民主视为是生态主义一个根本特征。

寻求技术解决问题似乎是当前中国解决环境问题、甚至经济社会发展的核心性原则。生态主义则认为通过技术解决环境问题方式能带来新的污染与难题，那些被视为"环境友好"的技术发明将人类的价值或道德观念推到了另一面。技术发明被生态主义者认为仅仅是转移了难题，新技术往往会以更多的能源和物质投入导致更多的污染为代价。在这种意识形态下，在中国将面临一种困境，希望进行一种"后工业社会"的发展状态（不是晚期资本主义，而是后社会主义），在这之前又必须通过技术来促进这一状态的生成，而技术在当代来看，解决问题也带来新的问题，阻止着社会主义的内在要求。要解决这一困境，必须转变发展的方式，必须进行更深刻的社会思想与实践地变革。这对 2020 年前、2050 年前及 21 世纪中国整个的发展脉络提供一种理论思考与理论借鉴。

二、生态问题解决的治理现代化

生态环境问题自 20 世纪中期以来，成为人类社会发展所产生的最大代价与面临的最大难题之一。德国柏林大学环境政策研究中心主任（1986—2007）马丁·耶内克对这一难题进行了深入研究，成为"生态现代化"（Ecological Modernization）理论的主要创立者。这在庞杂的生态理论丛林中，显得独树一帜，得到了许多民族—国家的关注、采纳与实践，并有日渐从发达国家扩散到发展中国家的趋势。当今世界的绿色增长和生态繁荣的成功事件往往与"生态现代化"具有相关性。"生态现代化"理论主要是以强调技术革新和政策推动力为核心的环境政策理念，期望通过转向（更）绿色技术而节约资源和成本的技术性改变的一种"现代化"，突出了在环境领域政策革新与技术革新以及它们二者之间相互影响所产生的巨大潜力。

（一）生态现代化与当代政治

"生态现代化"被耶内克指称为一种以技术革新为基础的环境政策，包括能够促进生态革新并使这些革新得以扩散的所有措施。由于市场难以解决所有的环境问题，甚至大部分环境问题市场无法有效解决。在这种背景下，生态现代化被认为通过环境政策与环境技术革新而能够达到一种更加环境友好型的经济发展，其理论则是一种基于知识的环境治理方法。"governance"一词在耶内克等人所著《全球视野下的环境管治：生态与政治现代化的新方法》一书中被翻译为管治，但基于我国当前对该词的译法，本文取用"治理"这一词意。

由于对现代化的需求成为市场经济本身开展与深化无法绕离的内在驱动力量，这又是基于技术的革新与技术竞争步伐不断加快。现代化、市场经济与技术三者之间存在着一致性并对民族—国家与社会产生非自觉的影响，在生态现代化提出之前，三者主动远离着政治干预。由于市场失灵的可能性，环境问题具有全球性的影响（这种影响会影响到全球市场的潜力），资源的稀缺性导致全球工业发展的环境革新的强烈需求，在当前却难以离开政治。生态现代化本质就包含着政治概念也基于此。

民族—国家要充分发挥现代化、市场经济与技术三者的非自觉影响，由政府领导这种影响，并形成政府的新任务：全力改变技术进步的方向，并把这种革新的强烈愿景变成一种服务于环境的力量。通过这种方式，"我们可以达到生态——经济'双赢'的可能性结果，而最重要的就是，通过成本减少和革新竞争使这种可能变为现实"①。

从当前来看，生态现代化主要有五个方面的推动力：（1）现代化及变革。（2）革新竞争的市场逻辑。环境规制不一定限制市场经济，环境问题正越来越成为"经济现代化的发动机"。（3）全球性环境需要的市场潜力。经济全球化并不会去限制环境革新，并且在全球政治中已经形成了一个关于环境问题博弈、政策革新和环境规则评定的场所。（4）"明智的"环境管制日益突出的重要性。这被认为是"生态现代化"的一个关键性驱动力。"去政府管制"的经济哲学正在证明民族—国家经济竞争力与环境管制的新关系。在资本面前，"去政府管制"这种软约束通常是无力或无效的，最终必须通过政府来完成市场逻辑失败的地方。（5）污染企业所产生的风险扩大（贝克的风险社会理论对此有过很精彩的探讨），并因此产生了促进其生态革新的压力。在全球环境问题压力下，那些"肮脏企业"被非政府组织和媒体直接攻击，这些公司认识到，它们再也不能"藏"在政府身后了，它们在革新的压力下行动缓慢。要改变这种情况，无论是"肮脏企业"还是其它企业

---

① 马丁·耶内克，克劳斯·雅各布主编. 李慧明，李昕蕾译. 全球视野下的环境管治：生态与政治现代化的新方法［M］. 济南：山东大学出版社，2012：1.

都必须面对曾经不需要面对的环境问题而付出更多的成本，导致这些企业在市场中革新技术。

但是，当前基于知识的环境治理方法的生态现代化遭遇到了基于权力的方法的抵制，面临着许多问题。其中，最大的问题就是一个环境问题的当下解决很容易被随后的经济增长过程所抵消。同时，也常常会遇到"现代化失利者"的抵制，有时他们拥有足够的权力去限制环境政策的范围和成效，尤其是在政策的执行过程中。因此，可持续发展治理必须能够动员起足以赢得这场斗争的意愿与能力。当然，这不是一件容易的事。

（二）当代民族—国家环境政策制定的先驱作用

由于经济全球化与政治多极化的发展，人们对民族—国家行动潜能受到削弱的表现忧虑。然而，在环境政策制定方面正是民族—国家起到了先驱作用①，它们推动着环境技术和支撑它们的政策措施得以革新与扩散。

如果技术导致了企业成本的增加而企业的利益没有增加，为了促进革新和扩散，规制性干预是必不可少的。因为，对于环境标准而言，资本关系和经济关系与严格的标准设置的关系并不是一些人所预期的那样是一种相对立的关系。在许多重要的市场中，放松对环境的治理并不成为企业唯一的投资选择，严格的环境治理还经常成企业选择的条件之一。同时，那些对全球环境关注的组织与个人也往往会对企业施加压力，企业为了提高形象，变得去适应这些高标准。民族—国家在环境政

---

① 马丁·耶内克，克劳斯·雅各布主编. 李慧明，李昕蕾译. 全球视野下的环境管治：生态与政治现代化的新方法［M］. 济南：山东大学出版社，2012：29.

策领域中的作用也就没有萎缩。

从经济全球化的现实来看，首先，开放性的民族—国家经济往往需要一个强政府，如在经合组织国家中，那些开放性经济的国家的人均公共支出通常要比那些更少融入全球市场的国家有更高的公共支出。越是开放度高的国家，越是注重环境规制。其次，民族—国家在经济角色中的作用在经济全球化中仍具有其它任何行为体无法替代的作用。再次，那些最具潜力的市场往往是规制程度相当高的地方，"竞次假设"已经被否定，同时也能保护本国工业的发展。最后，环境技术已经越来越成为全球竞争力的一部分，那些环境政策规制程度高的民族—国家为本国经济创造了先行者的优势，全球竞争力报告也提示了那些积极制定环境政策与执行的国家与全球竞争力之间有着非常高的相关性。

除了上述的基本因素，一些发达国家在另一些政治因素中为其发挥先驱作用提供了可能。这些因素包括：（1）政策革新的类型；（2）要解决问题的类型和困难程度；（3）潜在采纳者的环境政策能力；（4）国际组织支持扩散的成功影响。① 尤其是最后这一因素，被视为先驱国家的政策舞台，是政策革新与技术扩散的代理机构。在这些条件下，一些国家的环境标准和规制规则革新在经济、技术和政治方面的执行成为了可行性，充当了向更大市场扩展的基础，随后其他民族—国家在全球化中不断地采纳了这些革新性规则。"环境政策方面最优实践的全球性扩散，对于在全球范围内典型存在的环境问题解决所提供的市场化的、技术化的

---

① 马丁·耶内克，克劳斯·雅各布主编. 李慧明，李昕蕾译. 全球视野下的环境管治：生态与政治现代化的新方法［M］. 济南：山东大学出版社，2012：37.

解决方案的扩散来说，已经成为一种非常重要的驱动力量。"①

（三）先驱国家环境政策制定能力的特征

环境政策扩散所造成的政策趋同不仅受到了世界市场的功能性迫切需求的影响，也受了民族—国家政治行为的影响，在这些要求下，一些国家作为一种知识与智力型领导者的角色在世界市场中发挥着无法替代的功能，其解决生态问题的方案被其他民族—国家所逐渐采用，这些民族—国家被称之为先驱国家。

要成为一个先驱国家，其必要条件是具有高超的政治能力，包括了经济、制度、信息的框架条件和该国绿色理念的相对力量，也包括了"有组织的环境目标的支持者与经济现代化支持得之间的联盟"②。具体来说，那些导致一个民族—国家能够成为先驱国家，或一个民族—国家能够成为先驱国家的特征主要有以下方面：

（1）行为体动机的信念体系与实力。这一方面首要由环境管理当局或生态运动的行为体构成。环境管理部门的实力和权限，环境运动的组织化程度和力量，是先驱国家的重要特征。在这些国家中，同时，传统的环境政策支持者能够与生态现代化支持者之间达到和解与目的统一性。

（2）结构框架性条件。"绿色"先驱国家最重要的特征是其高度发达的经济，经济高度发达的国家由于高知识人群的存在导致对生态压力比其他国家有着更为强烈的体验，这一人群也拥有更高的生态问题解决

① 马丁·耶内克，克劳斯·雅各布主编．李慧明，李昕蕾译．全球视野下的环境管治：生态与政治现代化的新方法［M］．济南：山东大学出版社，2012：44.
② 马丁·耶内克，克劳斯·雅各布主编．李慧明，李昕蕾译．全球视野下的环境管治：生态与政治现代化的新方法［M］．济南：山东大学出版社，2012：45.

的管理、经济和科学能力，能够促成一种较高的生态压力感知与较高的生态问题解决能力之间的结构机制。经济发展与政治协调也须建设在以较高水平的研发投入为特征的知识基础之上，这一条件只有发达国家和中国这样的深刻体验到生态问题的国家才能真正做到。这就能很好地解释经济发达的国家是发挥先驱作用的最重要的机制。同时，也要求经济发达国家拥有一个"强政府"，使其能够自主地融入全球对话与共识文化中，这是环境政策成功的另一个重要条件。

（3）具体的问题领域因素。具体生态问题能够引导环境政策。一种市场化的技术解决方法是可以获得的，或是匮乏的，来自于面临的生态问题是否已经成为革新竞争的必要向度，并受制于以技术为基础的政策。

（4）战略性因素。环境政策先驱国家能够将政策革新积极地"推向"其他国家并被其他国家采纳。

在这些条件下，一些发达国家往往容易成为环境政策制定与执行的先驱者，并能使其他国家随后采用同样的政策革新。当然，先驱国家并不总是处于先驱地位，一些先驱国家因为国内外的"不稳定的、情势性因素"① 导致进入或退出先驱国家的行列。并且，某一个先驱国家并不总是在所有方面拥有先驱地位，一个国家往往只在某一（些）具体生态问题与解决方面起着带头的作用。对于发展中国家是否也能拥有这种先驱战略需要，耶内克还没有进一步开展研究。

---

① 马丁·耶内克，克劳斯·雅各布主编. 李慧明，李昕蕾译. 全球视野下的环境管治：生态与政治现代化的新方法［M］. 济南：山东大学出版社，2012：53.

（四）生态问题治理的新路径选择

随着人类经济进步所导致的生态难题在结构和性质上都发生了根本变化，环境政策制定的有效性与延续性面临着"持久性"难题。这就意味着，到目前为止，那些试图解决此类生态难题的政治努力正处于失败或者并未取得预期的效果。因这一后果，除了国家之外，越来越多的行为体不断介入到环境政治决策中。耶内克认为，形成一种新的治理模式对解决新的"持久性"环境难题可以帮助民族—国家克服在环境保护难题上存在的"赤字"现象。①

环境的"持久性"难题是指那些在相当长的时期内，现有的环境政策制定与执行并未对其造成显著的改善。这类"持久性"难题存在人类社会发展进程中的各个方面，如全球温室问题、生物多样性破坏问题、城市扩张问题、全球水污染问题、核污染问题等等具有相当复杂的环境问题，这类生态难题又通常具有全球性。这些问题是人类社会发展的代价，却在长时间内没有得到重视，或者重视的程度没有对难题有所改善。

在处理生态的"持久性"难题方面，耶内克指认了当今环境政策中的四个核心治理路径：目标指向模式、整合模式、合作模式及参与模式。

（1）基于目标和结果指向的治理。它是对环境政策执行赤字以及低效率化的一种回应。自1992年以来，很多环境政策制定与执行方面的先驱国家都尝试了这一路径。它的优点之一是能够使投资者获得明确

---

① 马丁·耶内克，克劳斯·雅各布主编．李慧明，李昕蕾译．全球视野下的环境管治：生态与政治现代化的新方法［M］．济南：山东大学出版社，2012：151.

的革新目标，提升了政策适应能力，并为革新者提供更为清晰的方式。"目标指向的环境治理路径应该建立在利益攸关者的利益之上。"① 在目标形成过程中，要确保各方就面临的环境问题进行一个最低程度的沟通。然而，基于目标和结果指向的治理如果把握不好，常会侵犯到既得利益群体，导致政府权力过度使用与"寻租"的情况发生。

（2）环境政策融合和部门战略。如果经济领域的关键部门导致了长期环境压力的存在，那么环境政策应该直接要求这些部门实施根本的变革。从而，应形成一种促进环境相关部门采纳环境导向的部门战略，各部门要通过"协商"的方式动员其利益相关者支持环境政策的整合。然而，这一模式并不能确保每一个具有相应责任的政策革新的部门去实施环境政策，甚至造成把环境政策整合视为一种"业余事业"。

（3）合作治理。当前，合作性政策工具日益成为一个有效的环境政策执行的选择，在合作治理中，民族—国家这一主体已经将私营部门的目标群体视为平等的伙伴。然而，这种模式存在如何形成一个可以相互接受的解决方案的困境。习近平总书记提出的人类命运共同体理念是解决这种困境的现实的方式。

（4）参与、自我规制。这一模式旨在通过促进民间行为体介入政策革新和执行的过程中，将政策革新放在更广泛的社会基础之上，动员那些潜在的支持者，为环境政策提供更多的智力资源。要实现这一模式面临着一个非常苛刻的条件——它需要政府为其提供一个具有充分权力和信息共享的资源体系，以及提升相关的政治设施建设。

---

① 马丁·耶内克，克劳斯·雅各布主编. 李慧明，李昕蕾译. 全球视野下的环境管治：生态与政治现代化的新方法 [M]. 济南：山东大学出版社，2012：168.

环境治理的新模式在一定程度上对持久性环境难题产生了积极作用，然而这种作用的实现对新模式本身的要求非常苛刻，如果仅从良好的意愿出发是难以取得成功的。尤其在当前存在的传统等级制规制模式为主导的政治体系中，缺少了国家职能和相应行政管理部门能力的发展，依然会陷入低水平环境保护模式的路径中。①

环境政策制定是民族—国家活动中一个非常年轻的分支，但它的重要性在大多数国家都得到了认可。环境政策制定是一个复合性的国家行为，不是某一部门单独制定与执行，并且环境政策制定与执行是政府与商业、非政府组织等组织之间的一个博弈结果，存在着胜利，也存在着倒退与失败。环境技术领域的革新需要治理的支持与治理现代化。一种着眼于超越末端治理解决方案的"生态现代化"在过去的几十年中不断成为许多国家环境政策革新的一个重要因素。

生态现代化理论认为生态革新应该以管理的转型或环境政策的生态化结构性转变为核心，从而将民族—国家放在一个突出的地位，民族—国家对形成生态问题的技术革新与政策革新具有创造性的影响与无法替代的功能。在耶内克看来，技术是环境问题或生态问题解决的最终方案，"民族国家的政府设法在经济发展的要求与环境保护之间发现最低限度的折中与妥协。而对于这个问题，最为普遍的一个回答就是技术。"② 当前不能解决的生态问题，最终能够通过科学技术研究而得以延展。生态现代化认为，可以通过较为清洁的技术渐进改善资本与环境

---

① 马丁·耶内克，克劳斯·雅各布主编. 李慧明，李昕蕾译. 全球视野下的环境管治：生态与政治现代化的新方法 [M]. 济南：山东大学出版社，2012：152.
② 马丁·耶内克，克劳斯·雅各布主编. 李慧明，李昕蕾译. 全球视野下的环境管治：生态与政治现代化的新方法 [M]. 济南：山东大学出版社，2012：34.

的关系，也可以从根本上改善资本与环境的关系。然而，这一理论仍然局限在技术为核心的问题解决方式，属于约翰·德赖泽克所描述的四类环境话语中的"问题解决"，"问题解决"是一种平凡乏味（在相当程度上把工业社会所设定的政治经济棋盘视为理所当然，环境问题是麻烦）的改革主义①。同时，将发达国家视为环境问题解决的关键与先驱，可正是那些大国与大公司往往成为全球生态问题解决的最大阻碍。

生态现代化理论为我们如何革新环境政策、革新环境技术提供了重要的理论借鉴。发展与生态问题的困境对于在大多数发展中国家来说，技术需求仍然是一个无法绕过的解决问题的关键方式。但是技术革新与生态问题解决之间的关系也面临着一个新的问题，即一个问题在被技术革新所解决之后，新的或更多的生态问题出现了，阻止着社会革新的内在要求，必须进行更深刻的社会思想与实践的变革。安德鲁·多布森认为那种追求技术改变的战略并不能最终解决环境问题，"环境主义主张一种对环境难题的管理性方法，确信它们可以在不需要根本改变目前的价值或生产与生活方式的情况下得以解决，而生态主义认为，要创建一个可持续的和使人满足的生存方式，必须以我们与非人自然世界的关系和我们的社会与政治生活模式的深刻改变为前提。"② 当前，大多数国家更多地主张技术解决生态问题，而如何实现人与生态的和解才是根本所求，也应是中国当前生态文明建设的目标。

---

① 约翰·德赖泽克著. 蔺雪春，郭晨星译. 地球政治学：环境话语 [M]，济南：山东大学出版社，2012：8.
② 安德鲁·多布森著. 郇庆治译. 绿色政治思想 [M]. 济南：山东大学出版社，2012：2.

三、新时代生态文明的辩证法

"生态兴则文明兴，生态衰则文明衰。"自党的十八大首提"美丽中国"，将生态文明建设纳入"五位一体"总体布局以来，习近平新时代中国特色社会主义思想将生态文明建设作为中国经济社会发展的突出一环，开展了一系列的新实践。生态文明建设理论先行、立足当下、展望未来。[①]

（一）理论先行，形成生态辩证思想

把生态放在什么样的位置、建设一个什么样的社会成为为党的十八大以来以习近平同志为核心的党中央锐意改革的重要内容。改革应有理论先行。在探索、推进中国社会建设的过程中，习近平总书记把生态文明建设放在更加突出的位置，反复强调生态的重要性，以生态文明建设为出发点形成了生态辩证思想。

1. "两山"理论

改革开放以来，为满足人民群众日益增长的物质文化需求，我国大力提升落后的社会生产力，取得了辉煌成就。在 1997 年，中国提前实现了到 2000 年国民生产总值比 1980 年翻两番的战略目标。2010 年，中国国内生产总值超过了日本，成为世界第二大经济体。然而，在举世瞩目的"中国奇迹"后面，也有着另一面——我国经济社会发展长期依赖高投入、高消耗、低产出、低效益的经济增长方式，资源和环境压力日益加剧。代表物质财富的金山银山虽不断增加，绿水青山却不断

---

① 本节与桂林市社会科学界联合会庚和周合写。

减少。

金山银山与绿水青山是否一定是对立的呢，中国是否必然要走西方"先污染后治理"的老路呢？习近平总书记提出了"两山"理论。"我们既要绿水青山，也要金山银山。宁要绿水青山，不要金山银山，而且绿水青山就是金山银山。"① 习近平总书记认为，金山银山与绿水青山中国都需要，没有金山银山经济社会发展不好、老百姓生活水平下降，而没有绿水青山最终也就没有金山银山。在中国经济社会发展已经到了一定水平的情况下，如果选择哪一个第一的话应该是绿水青山。金山银山常有，绿水青山不常有，只有有了绿水青山才有金山银山。习近平总书记的"两山"理论改变了我们原先对"两山"的认识，实现了我们对"两山"质的认识转变：从原来重金山银山转换为重绿水青山。"绿水青山和金山银山绝不是对立的，关键在人，关键在思路。"② "两山"不是绝对对立的，而是辩证统一的。

2. 生态底线思维

中国当代经济社会发展曾由于需要在短时间内摆脱贫穷落后的面貌，往往注重经济方面的要求，增长被视为发展，经济增长又采取粗放型模式，靠大量消耗自然资源来推动增长，忽视了生态对社会发展的作用，没有正确认知生态建设也是社会发展的内容之一。这是对生态进行掠夺的做法，是"自然与资源取之不竭的"的思维。

当前，生态具有取之不尽、用之不竭的观念受到了前所未有的质

---

① 习近平. 习近平总书记系列重要讲话读本（2016 版）［M］. 北京：学习出版社，2016：230.

② 习近平. 习近平谈生态文明［EB/OL］. 人民网. http://cpc. people. com. cn/n1/2018/0523/c64094 - 30007903. html, 2014 - 08 - 29.

疑。吉登斯认为，虽然表面上人类控制自然的能力越来越强大，"我们生活的世界没有日益被人类控制，相反，似乎在摆脱控制，这是一个'逃逸的世界'"①。在全球生态问题日益严峻化与中国生态与生产张力不断拉大的国际、国内背景下，习近平总书记提出了生态底线新思维，把生态问题视为整个国家发展能力是否持续下去的关键，"像对待生命一样对待生态环境，把不损坏生态环境作为发展的底线"②。底线是不可触的临界点，触了底线，量变就转化为质变了，事情的性质就变了。习近平总书记生态底线思维要求在中国现有生态系统中，经济社会发展与生态保持严格的平衡关系，不应触碰生态底线，也不能触碰生态底线了。生态环境没有替代品，只有坚守住发展和生态"两条底线"，创新经济社会发展道路，才能实现国家富强、民族振兴、人民幸福。2017年2月，中共中央办公厅、国务院办公厅印发了《关于划定并严守生态保护红线的若干意见》，标志着全国生态保护红线划定与制度建设正式全面启动，是生态底线思维新的战略性成果。

3. 把生态建设放在更加突出的位置

生态的重要性，一方面看老百姓，老百姓在生活水平不断提升的过程中从未放低对生态的要求；一方面看国家，看一个国家把生态放在一个什么样的位置上。因为，有新的位置才有新的认识。自从党的十八大以来，党和国家不断把生态放在更加突出的位置，"把生态文明建设摆在全局工作的突出地位"是习近平新时代中国特色社会主义思想的主

---

① 安东尼·吉登斯著. 周红云译. 失控的世界 [M]. 南昌：江西人民出版社，2006：105.

② 习近平. 习近平总书记系列重要讲话读本（2016版）[M]. 北京：学习出版社，2016：233.

要内容之一。

首先，党的十八大将生态文明建设与经济建设、政治建设、文化建设、社会建设并列，形成"五位一体"新布局。从"四位一体"到"五位一体"的总体布局突显生态的重要性，把生态文明建设提升到新的战略高度。其次，党中央的"四个全面"战略布局包含了生态文明建设的内容，形成了生态文明建设的系统性、工程性。"生态文明建设是'五位一体'总体布局和'四个全面'战略布局的重要内容。"① 再次，"绿色"成为五大发展理念之一。牢固树立并切实贯彻创新、协调、绿色、开放、共享的新发展理念是我国发展全局的一场深刻变革。这就要求，在发展理念中必须植入"绿色"。"绿色"发展对国家发展战略具有重大的现实意义和深远的历史意义。

4. 马克思主义生产力观的最新体现

马克思的理论把物质生产放在第一位，这是众所周知的。马克思相信未来的共产主义社会建立在物质财富的极大满足之上，但是马克思从未认为物质财富，即"金山银山"就是人类社会发展的终极目的。虽然马克思一生从未使用过生态一词，但是马克思"坚信人类依赖于他们的自然环境"②。马克思认为，"没有自然界，没有感性的外部世界，工人什么也不能创造。自然界是工人的劳动得以实现、工人的劳动在其中活动、工人的劳动从中生产出和借以生产出自己的产品的材料。"③

---

① 习近平对生态文明建设作出重要指示 李克强作出批示 ［EB/OL］. 新华网. http:// www. xinhuanet. com/politics/2016 - 12/02/c_ 1120042543. htm, 2016 - 12 - 2.
② 乔纳森·休斯著. 张晓琼等译. 生态与历史唯物主义 ［M］. 南京：江苏人民出版社，2010：175.
③ 马克思恩格斯文集（第一卷）［M］. 北京：人民出版社，2009：158.

我们所创造的任何财富都源于自然，人类离开自然如同无源之水、无本之木。马克思对"控制自然观点的复杂问题提出了最为深刻的见解"。①

习近平生态文明思想不是将生态与生产力对立起来，而是将生态与生产力视为一个整体，把生态视为生产力的要素。发展科学技术、全力保障国家生产系统都是生产力不可或缺的当代要求，"保护生态环境就是保护生产力，改善生态环境就是发展生产力"②。保护生态不是多余的，生态良好是整个国家社会稳定发展的良药。

（二）立足当下，全面落实生态文明建设

党的十八大以来，无论走到哪里，习近平总书记都十分强调建设生态文明、保护生态环境。无论是调研考察，还是决策批示，他都要求各部门、各地方全面落实生态文明建设，共建美丽中国。"我们在生态环境方面欠账太多了，如果不从现在起就把这项工作紧紧抓起来，将来会付出更大的代价。"③

1. 强化顶层设计，全面部署生态文明建设

党的十八大把生态文明建设纳入了"五位一体"总体布局，首次把"美丽中国"作为生态文明建设的宏伟目标，并将"中国共产党领导人民建设社会主义生态文明"写入党章，作为行动纲领。继党的十八大之后，十八届三中全会审议通过的《中共中央关于全面深化改革若干重大问题的决定》提出"建立系统完整的生态文明制度体系"；十

① 威廉·莱斯著．岳长岭，李建华译．自然的控制［M］．重庆：重庆出版社，2007：77．

② 习近平．习近平谈治国理政（第一卷）［M］．北京：外文出版社，2014：209．

③ 习近平．习近平总书记系列重要讲话读本（2016版）［M］．北京：学习出版社，2016：234－235．

八届四中全会审议通过的《中共中央关于全面推进依法治国若干重大问题的决定》提出"用严格的法律制度保护生态环境";2015年5月，中共中央、国务院发布了《关于加快推进生态文明建设的意见》，这是对生态文明建设的一次全面部署，首次提出"绿色化"概念，强调加快建立系统完整的生态文明制度体系，用制度保护生态环境；同年9月印发的《生态文明体制改革总体方案》则明确提出，到2020年构建起由自然资源资产产权制度等八项制度构成的生态文明制度体系（后来称为"四梁八柱"）；十八届五中全会审议通过的《中共中央关于制定国民经济和社会发展第十三个五年规划的建议》提出，全面建成小康社会新的目标要求之一是生态环境质量总体改善，这是对生态文明建设的持续肯定。2016年12月，习近平总书记对生态文明建设作出重要指示，"要深化生态文明体制改革，尽快把生态文明制度的'四梁八柱'建立起来，把生态文明建设纳入制度化、法治化轨道。"① 通过不断强化生态文明建设的顶层设计，全面部署生态文明建设战略，生态文明建设扎实有序推进，"生态""生态文明""生态文明建设"成为各地政府施政纲领中的高频词，建设生态文明成为地方政府的"新常态"。

2. 从最严格的制度到更严厉的法治，为生态文明建设提供可靠保障

建设生态文明不是从文件到文件、从会议到会议，"只有实行最严格的制度、最严密的法治，才能为生态文明建设提供可靠保障"②。在

---

① 习近平对生态文明建设作出重要指示 李克强作出批示［EB/OL］. 新华网. http://www. xinhuanet. com/politics/2016 - 12/02/c_ 1120042543. htm, 2016 - 12 -2.

② 习近平. 习近平总书记系列重要讲话读本（2016 版）［M］. 北京：学习出版社，2016：240.

生态文明建设过程中，关键是要让领导干部头悬利剑、扛起环保责任。2015 年 7 月，《环境保护督察方案（试行）》出台，提出环境保护"党政同责""一岗双责"；同年 8 月，《党政领导干部生态环境损害责任追究办法（试行）》出台，强调显性责任即时惩戒，隐性责任终身追究；同年 12 月，《生态环境损害赔偿制度改革试点方案》发布，试点省级政府可对违反法律法规，造成生态环境损害的单位或个人，提起生态环境损害赔偿；2016 年 12 月《生态文明建设目标评价考核办法》正式施行，以考核结果作为党政领导综合考核评价、干部奖惩任免的重要依据。"要建立责任追究制度，对那些不顾生态环境盲目决策、造成严重后果的人，必须追究其责任，而且应该终身追究。"①

在法治方面，环境法律的"牙齿"更加锋利。2015 年元旦被称为"带牙齿的"史上最严的新环保法实施，成为打击破坏生态环境者的利器。"在生态环境保护问题上，就是要不能越雷池一步，否则就应该受到惩罚。"② 从最严格的制度到更严厉的法治，抓住了生态文明建设的根本，增强了各级领导干部开展生态文明建设的自觉性，生态文明体制机制日趋完善，绿色发展取得一个又　个新成就。

3. 将生态文明建设与民生福祉相联系

生态文明建设不是面子工程、形象工程，它得有实质的内容，就是与民生福祉直接关联。"小康全面不全面，生态环境质量是关键。"③ 生

① 习近平. 习近平谈治国理政（第一卷）[M]. 北京：外文出版社，2014：210.

② 习近平. 习近平总书记系列重要讲话读本（2016 版）[M]. 学习出版社，2016：237.

③ 习近平. 习近平谈生态文明 [EB/OL]. 人民网. http：//cpc. people. com. cn/n1/2018/0523/c64094 - 30007903. html，2014 - 08 - 29.

态文明建设全面开展的这几年，天蓝了、水绿了，河流清了，绿色发展取得了历史性的成就。然而，大气污染、水污染、土壤污染、雾霾污染等仍没有完全解决，成为全面建成小康社会亟待补齐的短板。

"环境就是民生，青山就是美丽，蓝天也是幸福。"习近平总书记从民生来思考生态，又从生态回到民生。抓生态就是抓民生，抓民生就要搞好生态环境。2018 年 5 月在全国生态环境保护大会上，习近平总书记指出："再也不能以国内生产总值增长率来论英雄了，一定要把生态环境放在经济社会发展评价体系的突出位置。"为此，我国"优化国土空间开发格局，全面促进资源节约，加大自然生态系统和环境保护力度"（《全国国土规划纲要（2016—2030 年)》）。在规划建设雄安新区时，习近平总书记就提出了要坚持生态优先、绿色发展的建设格局。"良好的生态环境是最公平的公共产品，是最普惠的民生福祉。"[①] 只有扎实推进生态文明建设，实施重大生态修复工程，增强生态产品生产能力，全面启动生态系统工程，人民群众的幸福指数就能持续提升。

（三）展望未来，打造国内国际两个生态文明

"不谋万世者，不足谋一时。不谋全局者，不足谋一域。"习近平新时代中国特色社会主义思想一方面立足国情，在中国全面推进生态文明建设，把生态文明建设放在"两个一百年"之中，将生态文明建设作为中国未来必须坚持的基本方向。另一方面，基于"你中有我、我中有你"的全球化背景，中国不是独立于世界而存在，中国的生态文明建设搞得好不好，还与全球生态系统相关联。正是基于此，习近平主

[①] 习近平. 习近平谈生态文明［EB/OL］. 人民网. http：//cpc. people. com. cn/n1/2018/0523/c64094 - 30007903. html，2014 - 08 - 29.

席将打造人类命运共同体作为解决全球问题的出发点，将中国的生态文明实践向世人展示，共同维护好、保护好、开发好人类的自然资源。

1. 生态文明建设是过程无终点

把生态文明建设纳入"五位一体"总体布局已经标志着中国不仅将把生态文明建设作为当代之事，也把生态文明建设作为未来之事。生态文明本身就是一种新型的文明形式，它与农业文明、工业文明在某种意义上是同一序列的。一种新型文明形式的出现、生成、发展不是一代人、几代人就能完成的，是一代接着一代干下去的事业。习近平总书记深刻指出："生态文明建设事关中华民族永续发展和'两个一百年'奋斗目标的实现。"生态文明建设不是一朝一夕之事，但得从一朝一夕开始。

就近期的未来目标来看，生态文明建设事关"两个一百年"奋斗目标的实现。在全面建成小康社会之际，我国的生态文明建设在制度机制体系上得以建立，人民群众能够得到基本的生态保障。到 2035 年，生态文明与经济、政治、文化、社会齐步迈入现代化，生态文明层次得到明显提升，绿色发展成为经济社会发展的主要模式，人民群众生活在生态富裕的社会环境中。"走向生态文明新时代，建设美丽中国，是实现中华民族伟大复兴的中国梦的重要内容。"①

就生态文明建设的更长远目标来看，"建设生态文明，关系人民福祉，关乎民族未来"，"生态环境保护是功在当代、利在千秋的事业"②。社会主义不仅要在生产力上跨越"卡夫丁峡谷"，也能在生态文明上跨

---

① 习近平. 习近平谈治国理政（第一卷）［M］. 北京：外文出版社，2014：211.
② 习近平. 习近平谈治国理政（第一卷）［M］. 北京：外文出版社，2014：208.

越"卡夫丁峡谷"，通过社会主义生态文明建设不断取得的伟大成就向全世界展示社会主义的优越性，把全世界人民团结到生态文明的旗帜下。

2. 打造人类生态共同体，共谋全球生态文明建设之路

早在 20 世纪 60—70 年代，西方世界相继发生了大气污染、核污染、光污染、土地资源枯竭、物种大量消失等重大生态危机。现在，我们生活在一个比以往任何时代都丰裕的世界中，我们也生活在一个比以往任何时代都肮脏的世界中。我们需要集体的智慧与行动去改变这个肮脏的世界，把全球环境问题置于人类能够掌控的位置。因而，中国"生态文明建设"的命题一经提出，立刻受到国际瞩目。到 2013 年 2 月，联合国环境规划署将来自中国的生态文明理念正式写入第 27 次理事会决议案。习近平新时代中国特色社会主义思想中关于生态文明建设的理念获得了世界认同。

习近平主席进一步思考了全球社会中生态文明与人类命运联结的命题。2015 年 9 月 28 日，在第七十届联合国大会一般性辩论中习近平主席系统表述了人类生态共同体理念，提出在全球范围内"构筑尊崇自然、绿色发展的生态体系"，"共谋全球生态文明建设之路"。[①] 习近平主席从全球、全局、未来思考了全球生态问题，认为生态问题事关一国、一企、一人，也事关全球、事关未来、事关人类命运，"建设生态文明关乎人类未来"[②]。2017 年 1 月 19 日，习近平主席在联合国日内瓦

---

① 习近平. 携手构建合作共赢新伙伴同心打造人类命运共同体［N］. 人民日报，2015，9（29）：002.

② 习近平. 携手构建合作共赢新伙伴同心打造人类命运共同体［N］. 人民日报，2015，9（29）：002.

总部的演讲中提出了构建人类命运共同体的中国方案，"我们要倡导绿色、低碳、循环、可持续的生产生活方式，平衡推进 2030 年可持续发展议程，不断开拓生产发展、生活富裕、生态良好的文明发展道路。"①

　　由于中国在生态文明建设取得的瞩目成就，2016 年 5 月，联合国环境规划署发布《绿水青山就是金山银山：中国生态文明战略与行动》报告，中国的生态文明建设被认为是对可持续发展理念的有益探索和具体实践。②

---

①　习近平. 共同构建人类命运共同体［N］. 人民日报, 2017, 1 (19)：01.

②　邢宇皓. 十八大以来以习近平同志为核心的党中央推动生态文明建设述评［N］. 光明日报, 2017, 6 (16)：01.

第六章

大石山区生态文明建设之态势

广西生态文明建设起步较早。2005 年广西作出建设生态省区的重大决策；2007 年出台建设生态广西的决定，同年 9 月启动实施《生态广西建设规划纲要（2006—2025 年）》，提出本世纪前 20 年是广西经济社会发展必须紧紧抓住的重要战略机遇期，也是广西加快富民兴桂新跨越、全面建设小康社会和努力建设富裕文明和谐新广西的关键阶段；2010 年作出推进生态文明示范区建设的决定，努力建设全国生态文明示范区；从 2013 年开始广西规划用 8 年时间开展"美丽广西"乡村建设。广西的生态文明建设在认识和实践上都走在全国前列。

一、广西生态文明建设态势①

作为后发地区，广西始终坚持"环保优先"的理念，逐步走出一条环境保护和经济发展高度融合的新道路，生态文明建设取得明显成

---

① 本节内容主要以《自治区第十次党代会以来广西生态文明建设成就综述》（自治区第十次党代会以来广西生态文明建设成就综述［EB/OL］. 广西新闻网 - 广西日报. http://gx. people. com. cn/n2/2016/1113/c179430 - 29299189. htm, 2016 - 11 - 13. ）一文与笔者参编的《形势与政策教育读本（2015 版）》所编写内容为概述材料，但不是全部。

效。自中国共产党广西壮族自治区第十次代表大会①以来，自治区党委、政府进一步带领着全区人民，将良好生态这笔看家本钱越盘越活，将绿色广西这块金字招牌越擦越亮，在产业强、百姓富、生态美的绿色转型绿色崛起之路上越走越宽。

首先，在美丽广西的"幸福画卷"里，美好生态是底色。广西2010年出台了《关于实施"绿满八桂"造林绿化工程的意见》，全面实施涵盖山上造林、通道绿化、城镇绿化、村屯绿化和园区绿化的国土绿化工程，打造西江千里绿色走廊和北部湾绿色生态屏障，努力建设天蓝、地绿、水净的美丽广西。目前，广西森林覆盖率62.2%，跻身全国最绿省区前三强。梧州、南宁、柳州、玉林、贺州等5个城市获国家森林城市称号。每年发布的中国环境状况公报显示，广西不仅近岸海水质量全国最优，而且地表淡水、空气质量在全国也居一流水平。

在广西乡村，一场深刻的"美丽变革"悄悄重构生态系统。《"美丽广西"乡村建设重大活动规划纲要（2013—2020）》出台，分"清洁乡村""生态乡村""宜居乡村""幸福乡村"四个阶段推进，以清洁环境、美化乡村、培育新风、造福群众为目标，以环境综合整治和基础设施建设为重点，为农服务、促农增收、助农幸福。通过推进"美丽广西"乡村建设重大活动，全区14万多个保洁队伍活跃在18万多个自然村；群众从"要我干"到"我要干"，从"要我清洁"到"我要清洁"；农村沼气"全托管"，既解决沼气原料不足和规模养殖场排污难，又满足有机农业对有机肥的需求……洁净、生态、富裕、文明的理念渗

---

① 中国共产党广西壮族自治区第十次代表大会于2011年11月11日召开。

透农业生产、农民生活的方方面面，活了观念、活了人。

其次，绿色产业擦亮金字招牌。在 2015 年 7 月召开的全区生态经济工作会议上，时任自治区党委书记彭清华掷地有声地提出"良好的生态，是广西的金字招牌，也是我们加快发展的看家本钱"。如今，绿色广西这块金字招牌，开始变为经济"金牌"；良好生态这笔看家本钱，迅速变为"发家"资本，成为发展优势。

目前，广西森林面积为 2.17 亿亩，人均拥有 4 亩森林。目前已发展林下经济 5300 多万亩，约占全区森林总面积的 1/4，相当于在林下开辟了几乎同样规模的耕地。林下经济领跑全国，广西不断完善林下经济发展规划，拓展林下经济发展空间，实施培育 10 个国家林下经济示范基地，100 个自治区林下经济精品示范基地，1000 家林下经济龙头企业和林业专业合作组织的林下经济"十百千万"富民增收计划。到 2020年，广西发展林下经济的农户每户将年均增收 1 万元以上。除了拓展林下经济，广西还不断拓深林中经济。广西山川秀丽，森林面积广阔，森林旅游资源的数量、面积、类型和开发价值在全国都名列前茅，发展空间十分广阔，目前森林旅游成为广西林业第三产业最大的增长点。广西正在拓展以国有林场、生态公益林为重点的旅游市场，探索森林的生态效益与经济效益结合道路，变"砍树"为"看树"，变"卖山头"为"观生态"，变"卖木材"为"赏景观"。据测算，广西森林生态服务功能年总价值，目前已高达 1.23 万亿元，约占全国总额的 1/10。

在养殖业方面，掀起生态养殖旋风。广西畜牧业有较大的基数，可消耗大量的有机物质，产生排泄物数亿吨，折合全磷全氮数百万吨，转移到土地可以更好地服务种植业。同时，广西光热资源丰富，在饲草作物生长、微生物利用等方面优势凸显，具有发展生态养殖的良好条件。广西把生态养殖作为新农村建设的主要内容之一，如广西横县形成了"甜玉米—秸秆养牛—牛粪种蘑菇—菇料还田"的循环农业模式。按照农牧结合的发展思路，广西不断探索破解蔗糖产业困境的途径，在"一蔗两用（糖用和饲用）"方面的研究也有了新突破。"清洁养殖"、"生态养殖"在广西农村相继兴起。

绿色新兴产业也异军突起。以新能源汽车为代表，目前全区共有11款新能源汽车列入国家产品公告目录。尤其是在广西工业重镇柳州，出台了新能源汽车产业发展规划（2016—2020年）。2015年，战略性新兴产业增加值占全区生产总值比重达到8%以上，节能环保产业总产值达到800亿元以上。

再次，生态扶贫蓄积绿色财富。"一手抓扶贫开发，一手抓生态建设，扶贫开发与生态建设有机结合起来。"生态扶贫是广西绿色转型绿色崛起之路的基石。

2014年，广西扶贫生态移民战役正式打响，"一方水土养不活一方人"的100万贫困人口，将在2020年前有计划地实施易地搬迁，移民安置与园区建设、集镇商贸、乡村旅游、特色产业发展结合，落实土地、产业、就业、户籍和社保政策，真正实现搬得出、稳得住、能致富。

广西各地党委、政府因地制宜做好"生态保护＋产业发展"的文章，通过发展特色生态产业，既让贫困群众尽快走上稳定脱贫的道路，又为广西进一步蓄积了绿水青山的生态家底。如，河池在稻谷种不了、玉米难收成的大石山区，推广种植耐旱且具有良好水土保持与水源涵养功能的核桃树。目前，全市170多万亩核桃，挂果近4万亩，产值4000多万元，形成"核效应"。金秀瑶族自治县靠山吃山，种茶果，搞养殖，兴旅游。大瑶山野生茶总产值达1.6亿元，娃娃鱼一尾能赚2000多元，旅游收入占全县GDP总份额超三成。

二、大石山区生态文明建设探索案例——以来宾市忻城县差别化考核为例

2008年，来宾市探索生态文明建设，更注重顶层设计，注重与实际相结合，开始探索生态文明建设的考核机制，尝试对辖内部分县（市）实行差别化考核。来宾市出台《2008年经济社会发展目标管理考评办法》中首次提出，对金秀瑶族自治县实行差别化考核，以生态环境保护、旅游产业发展、城镇化建设等指标取代GDP、财政收入和工业化建设等指标。来宾市之所以较早实施差别化考核，是因为对于来宾部分地区来说，保护好当地的生态环境比GDP增长更具有重要意义。

来宾市忻城县位于红水河下游大石山区，是广西乃至全国石漠化最严重的地区，是国家级扶贫开发重点县，同时也是国家重点生态功能区。因而，对于忻城来说，比发展经济更为重要的，是治理生态环境，遏制石漠化。

过去上级考核GDP、财政收入和工业化等指标，忻城在保护生态环境上显得捉襟见肘。2009年，时任忻城县县长的韦凤云给时任市委书记张秀隆写信，请求将忻城也纳入差别考核试点。张秀隆连夜派秘书长去忻城调研。不久，来宾市对忻城也实行差别考核，重点考核生态环境保护、旅游产业发展、城镇化等指标。①

实行差别化考核后，忻城县卸下包袱、轻装上阵。如实行差别化考核后，忻城县干的第一件大事，就是关闭了红水河畔环保不达标的一家锰厂，而这家锰厂每年给这个国家级贫困县财政贡献400万元，县里没有哪个企业在财政上贡献这么多。② 经过大刀阔斧的整治关停，忻城的锰厂从6家缩减为1家。时任县长李朝晖说："那些锰厂能耗巨大、破坏植被、污染环境，尽管能带来可观的财政收入，但是毁掉的是子孙后代的未来。我们不能牺牲资源环境换取经济增长。"

忻城县积极争取上级下拨的资金、社会公益资金，实施人工造林和封山育林工程，治理水土流失，加强农村能源沼气建设。2011年，全县森林覆盖率从2010年的56%上升为64%，有效遏制了石漠化。同时，忻城县在石山贫困地区着力发展生态农业，因地制宜栽种竹子、金银花等生态效益和经济效益都比较高的树种；成功推广"养殖沼气种植"三位一体的"忻城模式"，总结了一系列石山造林绿化的经验。③

差别化考核，也给干部群众松了绑。来宾市对忻城实行差别化考核后，忻城也对12个乡镇实行差别考核。根据不同区块的空间结构、功能定位、生产力布局、区域特色等，忻城县将12个乡镇划分为领先发展乡镇、跨越发展乡镇、特色发展乡镇3种类型。领先发展乡镇，重点考核城镇化建设和工业化；跨越发展乡镇和特色发展乡镇则根据各自不

---

① 差别化考核 为来宾市忻城县松了绑［EB/OL］．人民网人民日报看壮乡．http：// gx．people．com．cn/n/2014/0417/c179435 –21019363．html，2013 – 1 – 19．

② 差别化考核 为来宾市忻城县松了绑［EB/OL］．人民网人民日报看壮乡．http：// gx．people．com．cn/n/2014/0417/c179435 –21019363．html，2013 – 1 – 19．

③ 刘蔚，查玮，黄婷婷，何蓓琦，李莹．差别化考核好使不好使？［N］．中国环境报，2012，(11) 27：001．

同产业重点考核特色养殖业和生态高效农业。

忻城县通过连续几年不考核其 GDP 和财政收入，代之考核生态保护、旅游开发等指标，明显促进了当地的生态保护和旅游产业发展。① 忻城还不断实现"生态保护"与"扶贫开发"双赢的格局。②

不考核经济指标并不等于经济不发展，走特色发展的路子同样可以产生良好经济效益。如 2014 年，忻城县地区生产总值完成 49.46 亿元；③ 2015 年，忻城县地区生产总值完成 55.91 亿元；④ 2015 年，忻城县地区生产总值完成 58.47 亿元。⑤

通过差别化考核，在保护生态环境的同时，经济增长质量和效益也能明显提高。广西目前已开始认真总结推广来宾市强化生态保护和建设指标考核、不再考核 GDP 的做法和经验，并开展相关研究，探索有利于促进广西生态文明建设的指标体系的考核办法。

---

① 宋春风. 广西告别"唯 GDP 论"实行区域差异考核［EB/OL］. 广西新闻网. ht-tp：//news. gxnews. com. cn/staticpages/20121211/newgx50c663b6 － 6578298. shtml？pcview＝1，2012 － 12 － 11.

② 陈坤. 忻城实现"生态保护"与"扶贫开发"双赢观察［EB/OL］. 广西新闻网. http：//news. gxnews. com. cn/staticpages/20130116/newgx50f5da12 － 6794908. shtml，2013 － 1 － 16.

③ 忻城县 2014 年国民经济和社会发展统计公报［EB/OL］. 忻城县统计局. http：//www. gxxc. gov. cn/sjfb/tjgb/t888061. shtml，2015 － 05 － 26.

④ 忻城县 2015 年国民经济和社会发展统计公报［EB/OL］. 忻城县统计局. http：//www. gxxc. gov. cn/sjfb/tjgb/t888063. shtml，2016 － 05 － 23.

⑤ 忻城县 2016 年国民经济和社会发展统计公报［EB/OL］. 来宾市统计信息网. ht-tp：//www. gxxc. gov. cn/sjfb/tjgb/t888066. shtml，2017 － 4 － 28.

三、少数民族伦理价值观对广西生态文明建设的效能

广西生态文明建设所取得丰硕成果的同时，依然必须清醒地认识到，作为后发展、欠发达地区，广西生态资源较为脆弱、整体资源环境承载力较低，粗放型经济增长方式尚未根本改变，高能耗、高污染的产业比重大，保护和恢复治理措施滞后，发展中不平衡、不协调、不持续的问题仍然存在。近年来发生的龙江镉污染环境①、贺江污染②等重大环境事件尤其引发了人们对生态恶化的担忧和思考。广西生态文明建设任重道远。③ 要解决广西生态文明建设落根问题，确保生态文明建设成果的量与质相结合，培育、利用少数民族伦理价值观反思、推进经济社会建设是必然的要求。

（一）人文环境在生态文明建设中的缺失

生态文明就其内容来说是一种结果，就建设来说是一种过程，当前世界范围内的生态文明理论及标榜为生态文明建设的实践都是过程的初级阶段。这种生态文明建设没有摆脱工业文明的后果与手段的影响，评价生态文明大多是基于工业文明指标的改良主义。当前我国正在开展的生态文明建设也基本如此。

---

① 2012 年 1 月 15 日，广西龙江河拉浪水电站网箱养鱼出现少量死鱼现象被网络曝光，龙江河宜州市拉浪乡码头前 200 米水质重金属超标 80 倍。专家估算，此次镉污染事件镉泄漏量约 20 吨。

② 2013 年 7 月 1 日，贺州市贺江部分河段网箱养鱼出现少量死鱼现象，7 月 6 日凌晨 4 时左右，区环保厅对贺州市送来的水样检测结果发现，其中贺州市（贺江上游）与广东省（贺江下游）交界断面扶隆监测点水质镉超标 1.9 倍，铊超标 2.14 倍。

③ 张云兰. 广西生态文明建设现状及对策研究 [J]. 经济与社会发展，2013，（6）：31－33.

本来，从刀耕火种、农业文明、工业文明再到生态文明是一个水到渠成的过程，在我们提出生态文明之前，所有新的社会文明的实践都是前一种文明已经高度发展的情况下，由内部突破自身转换成另外一种文明。在当代，由于人类对社会发展规律的认识，能够预见到下一种文明的可能性与现实性，进而能够在工业文明没有高度发展的同时进行生态文明建设探索。在这种情况下可以说，工业文明是"自为的"，生态文明是"自在的"，目前对生态文明的探索是人为地把生态文明由"自在"转为"自为"，尤其是在一些发展中国家，其本身工业文明程度较低。为了进行工业文明同时又要照顾生态文明，造成在生态文明建设的过程中忽略了一些东西，也造成两种文明的冲突。在这种忽略与冲突中，经济因素仍然占据着实质性的和价值观上的绝对主导地位，而暗藏在历史背后的人文环境往往被忽视了。也就造成生态文明建设往往流于形式，造成表面上开展生态文明而实质上走的仍是工业文明与现代性道路。

对于生态文明建设与工业文明同时进行，这本无可厚非，毕竟人类社会对自身的发展规律认识得越来越透彻。工业文明是每一个社会的必经之路，这与奴隶社会、封建社会、资本主义社会、社会主义社会之间可以按顺序也可以跨越进行不同，工业文明是任何民族—国家向前发展的必经过程。在工业文明与生态文明同时进行的过程中，就存在一个如何对待人文环境的问题，工业文明在初中期阶段往往忽略人文环境建设与其价值。把人文环境视为推动社会发展的关键因素还是视为社会发展的后果，将导致生态文明建设与工业文明道路选择的二律背反，这种二律背反归根到底是没有认清人文环境对生态文明建设的内在意义。

首先，生态文明并不仅是通过技术改造达到对生态的深化认识与实践。国内外学者对技术与生态之间的关系，尤其是生态学马克思主义已经对此问题有过深入的分析，许多学者认为技术解决方案本身是不会带来一个可持续发展的社会，当前工业化进展中那种追求高速的增长可能存在一种积累的危险，并有可能突然产生一种灾难性的后果。以技术产生的增长所引起的难题是相互影响的，也就意味着这些难题不可能被孤立地去解决，并且一个问题的解决将引起其他问题的加剧或产生新的问题。①

其次，人文环境与生态文明之间的协调是生态文明最终与工业文明分野的前提。工业文明是无论以阶级划分为特征还是以生产力划分为特征的社会形态都必须经历的一种文明形态，资本主义还是社会主义对于生态主义者来说，它们之间的相似性要大于它们的差异性，二者都可以名之曰"工业主义"。要区别生态文明与工业文明，或是社会主义与资本主义之间的本质特征，还需反思人文环境在各种文明形态中的地位。人文环境说到底是人化的环境，但在不同的社会形态中人文凸显了发展的目的是为了谁。目的不同，人的地位也就不同，社会发展的取向也就不同。人文环境表达了当代人如何面对已经有的物质财富的世界观，也就对生态文明形成了不同的世界观。

（二）少数民族伦理价值观的生态特征

广西壮族自治区是中国五个少数民族自治区之一，是中国唯一一个沿海自治区。基于地理因素、行政区域划分因素、多民族因素，广西区

---

① 安德鲁·多布森. 绿色政治思想［M］. 济南：山东大学出版社，2012：45.

内不同地域、不同民族、同一地域各人群之间的人文环境并不统一，各种人文环境存在交叉性与相对独立性。交叉性指不同地域之间的人文环境在不断地辐射、包融、转化等。同时，广西一方面有着与其他省份相比较独特的人文环境，这种独特的人文环境主要表现为以壮文化和汉文化为主要特征的两大文化群；一方面境内壮汉文化并没有掩盖住其他地域、民族的人文环境，在基于地理环境与社会环境双种影响之下生成的本民族文化。从而，在广西境内存在着多重、多层的人文环境。

首先，境内存在统一性与多样性的伦理价值观。整体来说，广西各民族、各族群都遵循着社会主义核心价值观，并以这种核心价值观行事。如壮族与瑶族都有着尊老爱幼、家庭至上、重义轻利的传统。① 在对待生态环境方面，也有基本相同的观念。壮族是稻食民族，因而对蛙类十分关心，严禁捕杀青蛙，一些地方的壮族有专门的"敬蛙仪"。瑶族则有猪日不杀猪，鸡日不杀鸡，牛马日不买卖牛马的传统。他们形成了与自然和平相处、平等互利、容忍克制、家庭天下的价值观。澳大利亚民族学家格迪斯对苗族则感叹道："世界上有两个苦难深重而又顽强不屈的民族，他们就是中国的苗族人和分布于世界各地的犹太人。"② 但是，价值观是一种需求观，各民族，尤其是少数民族在历史文化传承方面有着各自的取向重点，具有一定的区别与差异。在日常生活中，如壮族好客，寨子里任何一家人的客人都被认为是全寨的客人，平时也有相互做客的习惯，一家杀猪，必定请全村各户每家来一人，共吃一餐；

---

① 黄焕汉. 广西瑶族价值观研究——以都安瑶族自治县布努瑶为例 [D]. 广州：中山大学，2009.

② 再江. 比申遗更重要的 [N]. 中国民族报. 2012, 3 (9)：009.

瑶族则是十分注重礼仪的民族，有许多礼仪禁忌，路途相遇，熟识与否，都要热情打招呼，否则被视为不懂礼貌，而有客人到家，客人先要与主妇打招呼，否则被认为傲慢无礼等。

其次，境内存在统一性与多样性的信仰。信仰是每一个民族必不可少的内容，也是一个民族能够坚持在世的一种精神力量。康德就曾经提出过，"人应该信仰些什么？"的命题。整体来说，广西人都有实现中华民族伟大复兴的目标与信仰。在这一信仰下，基于各民族的历史不同，其信仰的内容也有所差别。如壮族布洛陀文化是其信仰的起源，在现今壮族的生活中，还可以看到对于天神、雷神、蛙神、树神、花婆神等的祭拜，这些都是壮族多神崇拜的历史遗迹。① 此外，崇拜的神灵杂而多，有社会神、自然神、守护神等，表现出不同的仪式真理。而苗族把一些巨形或奇形的自然物视为一种灵性的体现而对其顶礼膜拜。瑶族的宗教信仰则比较复杂，有些地区以自然崇拜、祖先崇拜或图腾崇拜为主，而有些地区则主要信奉巫教或道教等。

（三）少数民族伦理价值观在生态文明建设中的效能

生态主要包括两个方面的内容：一个是自然环境，一个是资源。当前生态文明建设，就是在开展现代化过程中如何利用好这两方面的内容。在制度层面上，党的十八届三中全会通过的《中共中央关于全面深化改革若干重大问题的决定》指出，建设生态文明，必须建立系统完整的生态文明制度体系，实行最严格的源头保护制度、损害赔偿制度、责任追究制度，完善环境治理和生态修复制度，用制度保护生态环

---

① 时国轻．壮族布洛陀信仰研究［M］．北京：宗教文化出版社，2008：1.

境。实现了自然环境和资源利用方面的制度化。但是，良好的制度必须依赖于人的认识与实践，才能达到最优化的效果。人并不是单个的人，而是社会的人，每一个人都处于一定的人文环境中，并以这种人文环境作为行动的"自在"原则。从而，广西生态文明的建设一方面须依赖于制度建设，另一方面也要依赖于现实的人文环境，从人文环境中把握人与生态文明建设的关系。

首先，广西生态文明建设能够从多重人文环境中汲取实践经验。广西生态文明建设当前就是要处理好自然环境、资源与发展之间的张力，广西提出的"五区建设"、美丽广西建设也面临着生态问题凸显的挑战。广西多重人文环境的生态因素挖掘能够对生态文明建设起到至关重要的作用。广西各民族在历史生成发展过程中，为了应对广西生产上可利用的资源少，尽可能地在保有资源的条件下，形成了可持续的生产循环观念。许多民族的人们对物的需求基本建立在"刚够就行"的状态之中，没有对物的过分的欲望，这种需求观念的后果也导致了人们对自然环境和资源较少的干预。这种人与自然之间的实践关系通过进一步地优化将能够成为广西生态文明建设过程中的有益经验。

其次，广西生态文明建设能够从多重人文环境中汲取理论元素。在广西，许多民族都具有一种天然和谐观念，他们追求平等、敬畏生命的价值，他们大多都有着循环再生产的观念，并且有的少数民族还拥有"天人合一"的文化观，这些构成了他们的生态伦理观，这与生态文明的本质又有一定的相符性。① 如能不断整合各民族、各地域人文环境中那些适应生态文明建设的思想、观念，在广西生态文明建设中进行应用，在应用的过程中进一步理论提升，这对广西、甚至全国生态文明实践与理论支撑都有重要的帮助。

最后，有利于广西生态文明建设树立生态消费观、生态生产观，形成具有广西特色的生态人文观念，进而实现经济发展与人文发展相统一的道路。生态文明建设是一个系统工程，既要不断总结建设经验、形成理论指导，也要使每一个人都形成一种良性的、符合生态规律的价值观、消费观、生产观，最终形成生态生产方式。在一些人文环境中，他们集体利用资源，并采取严格的宗法制度来规范人们的生产行为，并禁止浪费、无意义的消费。在许多少数民族地区，依然保有着完好的生态环境就是这些地区并不把消费作为目的，而是如何保持人与自然环境之间的协调。这些都是生态观的表现形式，将这些生态观与社会主义核心价值观、与我国生态文明建设要求统一起来，可以有利于推动生态经济、生态消费、生态发展，实现资源的生态配置。

---

① 许联芳，刘新平，王克林，谭和宾. 桂西北喀斯特区域土地开发整理模式与持续利用对策研究——以环江毛南族自治县为例 [J]. 国土与自然资源研究，2003，(4)：36－38.

第七章

大石山区朴素伦理价值观之生态文明建设价值

在现代性的挑战下，少数民族伦理价值观中的朴素生态思想与生态文化观日渐衰落。"古往今来每个民族都在某些方面优越于其他民族。"① 每一种文化都有自身独特的风格、结构、要素、包括仪式性或象征性目标。大石山区每一个少数民族都有着与自身发展相适应的朴素生态思想与生态文化观。

一、对生态文明建设的理论价值

中国生态文明建设不是无土之苗、无壤之禾。中国生态文明建设的理论源于马克思主义生态文明观。

马克思认为，人与自然的关系就是自然与生产的关系，并将自然与生产的关系从历史的角度划分为四个阶段。第一个阶段是生产与自然的直接同一，这个阶段的后期，生产与自然的矛盾逐渐增大。第二个阶段是机器大工业生产加深了人与自然的矛盾，人获得物质财富的方式变得更具间接性。第三个阶段是对自然与生产的关系的反思，不仅是马克思

---

① 马克思恩格斯全集（第二卷）［M］．北京：人民出版社，1957：194.

所做的事，也是当代人类社会正在做的事。自然与生产的关系在未来必将、必须有一个变革，这是自然与生产的关系的第四个阶段。最后的自然与生产的关系表现为共产主义＝人道主义＝自然主义。"这种共产主义，作为完成了的自然主义，等于人道主义，而作为完成了的人道主义，等于自然主义，它是人和自然界之间、人和人之间的矛盾的真正解决，是存在和本质、对象化和自我确证、自由和必然、个体和类之间的斗争的真正解决。它是历史之谜的解答，而且知道自己就是这种解答。"① "社会化的人，联合起来的生产者，将合理地调节他们和自然之间的物质变换，把它置于他们的共同控制之下，而不让它作为一种盲目的力量来统治自己；靠消耗最小的力量，在最无愧于和最适合于他们的人类本性的条件下来进行这种物质变换。"②

现在，中国社会大体正处于第二个阶段末和第三阶段初，然而，大石山区少数民族社会还处在第一个阶段，即生产与自然的直接同一。其伦理价值观也生成于这一阶段的生产方式之中。基于第一阶段，大石山区少数民族在对待自然、资源时生成了朴素生态观或朴素生态文化观。这种朴素生态文化观往往追求"天人一体""天人合一"的朴素自然主义，实现的是生产与自然的直接同一。传统的"天"在中国人的心中，通常带有神话色彩，如指天子、命运、神等。"天"是人的主宰，所谓"获罪于天，无所祷也"。此外，"天"也通常指大自然、宇宙，"天人合一"的"天"往往指后者。"天人合一"就是人与自然的合一，人与自然的和谐。

---

① 马克思恩格斯文集（第一卷）[M]．北京：人民出版社，2009：185－186．
② 马克思恩格斯文集（第七卷）[M]．北京：人民出版社，2009：928－929．

除了"天人合一"观念，大石山区少数民族"万物有灵"论更为直接、现实地将主体与客体同一。"万物有灵"是一种原始宗教观念，也被称为泛灵论。"万物有灵"论是一种主张一切物体都具有生命、感觉和思维能力的哲学学说，认为"一棵树和一块石头都跟人类一样，具有同样的价值与权利"。"万物有灵"论并非完全盲目崇拜万物，而是在实践中强化人与自然的关系以期达到人类的生存与延续。如壮族《布洛陀》里用"万物有灵"来解释自然现象，维护人与自然和谐的朴素的生态伦理思想。马克思"坚信人类依赖于他们的自然环境"①，在传统社会中大石山区少数民族更加直接依赖于自然，生成保护自然的理念。如果放到后现代性中来看，"万物有灵"论就是一种激进的非人类中心主义。

中华优秀传统文化中的生态思想、辩证自然观则是中国生态文明建设的理论之本。中国古代就有非常强烈的朴素生态辩证思想，如"阴阳"说、"水木金火土"五行说等。老子说："人法地，地法天，天法道，道法自然。"这是一种与自然无所违的观念。

《庄子·齐物论》说："天地与我并生，而万物与我为一。"上述的大石山区少数民族"天人合一"观虽是这些民族自发生成的，但也有理论渊源。"天人合一"论最早起源于春秋战国时期，经过董仲舒等学者的阐述，由宋明理学总结并明确提出。"天人合一"论的基本思想是人类的政治、伦理等社会现象是自然的直接反映。现代的中国哲学研究几乎都认为"天人合一"是中国哲学的主要概念范畴。西方人总是企

---

① 乔纳森·休斯著. 张晓琼等译. 生态与历史唯物主义［M］. 南京：江苏人民出版社，2010：175.

图以高度发展的科学技术征服自然掠夺自然，而中国传统思想却告诫我们，人类只是天地万物中的一个部分，人与自然是息息相通的一体。因而，大石山区少数民族社会的传统伦理价值观为生态文明建设提供了许多方面的有益参考。

另外，在第二章中，大石山区少数民族社会除了朴素生态观，而且注重追求和谐的社会秩序。和谐的社会秩序也源于大石山区少数民族社会中人与自然的和谐理念。因此，对于大石山区少数民族来说，人、自然、社会应该是和谐的。这与习近平新时代中国特色社会主义思想中生态文明思想有共通之处。如2013年习近平总书记强调，"必须树立尊重自然、顺应自然、保护自然的生态文明理念。"① 后来，2017年4月19日—21日，习近平总书记在考察北海金海湾红树林生态保护区、南宁市那考河生态综合整治项目时更加强调指出，生态文明建设是党的十八大明确提出的"五位一体"总体布局的重要内容，不仅秉承了天人合一、顺应自然的中华优秀传统文化理念，也是国家现代化建设的需要。这就直接将大石山区少数民族社会中的"天人合一"思想、民族的传统文化与生态文明建设直接联系在一起了。我们应该遵循"天人合一"、道法自然的理念，寻求永续发展之路。

总的来说，大石山区少数民族社会中朴素的、辩证的生态文化观与马克思"辩证而实践的自然观、唯物主义的生态自然观、人与自然和谐统一的新社会"② 具有内在的、一致的关联。并相对来说，利用好本

① 习近平在中共中央政治局第六次集体学习时强调：坚持节约资源和保护环境基本国策 努力走向社会主义生态文明新时代［N］. 人民日报，2013，5（25）：01.
② 曲艺，贾中海. 马克思主义生态观指导下民族经济生态文明建设［J］. 贵州民族研究，2017，38（3）：64－67.

土的生态文明观念更有利于具体开展生态文明建设。

二、对生态文明建设的应用价值

"中国将按照尊重自然、顺应自然、保护自然的理念，贯彻节约资源和保护环境的基本国策，更加自觉地推动绿色发展、循环发展、低碳发展，把生态文明建设融入经济建设、政治建设、文化建设、社会建设各方面和全过程，形成节约资源、保护环境的空间格局、产业结构、生产方式、生活方式，同世界各国深入开展生态文明领域的交流合作，推动成果分享，携手共建生态良好的地球美好家园，为子孙后代留下天蓝、地绿、水清的生产生活环境。"① 大石山区少数民族传统伦理价值观中的生态文化观念符合习近平生态文明思想。利用好大石山区少数民族传统伦理价值观中的生态文化观念对生态文明建设具有重要的应用价值。

（一）有利于把握生态文明建设整体的持续性

"生态文明"一词提出的核心前提是工业文明难以为续了。早在 20世纪 60 - 70 年代，西方世界相继发生了大气污染、核污染、光污染、土地资源枯竭、物种大量消失等等重大生态危机。中国受工业文明发展道路与现代性的影响，在取得物质财富丰富的情况下，也造成了形形色色的生态问题。可以说，我们生活在一个比以往任何时代都丰裕的世界中，我们也生活在一个比以往任何时代都肮脏的世界中。"令人触目惊心的污染、贫困、饥荒和失业，传染病的扩散，暴力和恐怖主义的升

---

① 生态文明贵阳国际论坛 2013 年年会开幕 习近平致贺信 [EB/OL]. 新华网 . http: //www. xinhuanet. com/politics/2013 - 07/20/c_ 116619686. htm, 2013 - 7 - 20.

级，失衡的世界两极分化，核生化战争的威胁，以及谋求'人性化发展'所遭遇的失败。"① 如果再不改变曾经的现代化模式与现代性理念，这世界将越来越失控于人类。习近平总书记站在全人类的高度，提出人类在改变现有环境问题方面，应打造人类生态共同体。② 何以打造，须有优秀的理念为先。大石山区少数民族社会中的朴素的、辩证的生态文化观虽是居于世界一隅而生成，但也能做到"一粒米里看世界"。

"生态文明"最根本的是要改变以往工业文明的非持续性发展，而其最大的特征就是持续性，实现人类发展的持续性。大石山区少数民族社会中的朴素的、辩证的生态文化观的基本特征之一，也是在艰难困苦的历史中保存类的存在，想尽方法让本民族持续存在下去，从而形成了人与自然、资源的持续性互构。

"自然界是人为了不致死亡而必须与之处于持续不断的交互作用过程的、人的身体"③。大石山区少数民族将自然视为自己的身体，或将自己视为自然的一部分，在人与生态的交织中形成可持续性。广西融安县有谚语道："家有千株棕，一世不愁穷。" "荒山变林山，不忧吃和穿。"④ 广西都安瑶族唱曰："双手种下摇钱树，金山银岭靠人造。"⑤ 少数民族对资源的利用讲究的是可持续性。习近平总书记则指出："要

---

① D．谢弗著．高广卿，陈炜译．经济革命还是文化复兴［M］．北京：社会科学文献出版社，2006：序言第 1 页．
② 庾虎．论习近平命运共同体新理念与马克思联合体思想［J］．中共山西省委党校学报，2017，（3）：9－12.
③ 马克思恩格斯文集（第二卷）［M］．北京：人民出版社，2009：161.
④ 融安县志编纂委员会．融安县志［M］．南宁：广西人民出版社，1996：564.
⑤ 都安瑶族自治县志编纂委员会．都安瑶族自治县志［M］．南宁：广西人民出版社，1993：890.

按照人口资源环境相均衡、经济社会生态效益相统一的原则，整体谋划国土空间开发，给自然留下更多修复空间。"① 可以看出，大石山区少数民族社会内部建设与国家生态文明建设要求具有相通之处。

盛行于广西中部的大瑶山、大苗山等区域的独具特色的"种树还山"植树造林制度，更彰显了人的劳动与自然馈赠之间的持续关系。② 我国在"树与山"关系方面也长期坚持着"植树造林"行动。邓小平同志更是通过"植树造林"强化了代际分工的必须性，"植树造林，绿化祖国，是建设社会主义、造福子孙后代的伟大事业，要坚持二十年，坚持一百年，坚持一千年，要一代一代永远干下去"③。

（二）有利于注重生态文明建设过程的保护性

利用还是保护，过度利用还是合理利用，破坏还是保护，这是不同的人与自然阶段要处理的重大问题。

美国学者乔埃尔·莫克尔在《财富的杠杆》一书中对西方生态与技术发展进行了经典的分析，"西方的技术创新起源于欧洲西部那些不起眼的修道院、湿润的田野和森林，它有两个重要的基础：第一个是唯物倾向的实用主义，相信通过对自然的改造来增进社会的福利不但可以接受，而且是值得弘扬的行为；第二个则是不同的政治实体对于政治和经济霸权的持续角逐。"④ 西方首先通过技术改造自然、进而掠夺自然

---

① 习近平在中共中央政治局第六次集体学习时强调：坚持节约资源和保护环境基本国策　努力走向社会主义生态文明新时代［N］．人民日报，2013，5（25）：01.

② 龙海平，魏锦雯．广西少数民族生态伦理的现实价值探讨［J］．佛山科学技术学院学报（社会科学版），2015，33（5）：16－20.

③ 本刊编辑部．邓小平论林业与生态建设［J］．内蒙古林业，2004，（8）：1.

④ 见乔埃尔·莫克尔的《财富的杠杆》．转引自马丁·沃尔夫著．余江译．全球化为什么可行［M］．北京：中信出版社，2008：21.

与资源，再进而掠夺全球自然与资源。获得全球其他区域的生态恩惠则是欧洲逐渐成为世界核心的前提之一，"那些使欧洲核心区在新大陆得到前所未有的生态恩惠"①。这个过程伴随着的是对生态的过度利用、浪费、把生态排斥在成本核算之外，这样做的理念之一则是"资源是无限的"。

当前，无论哪个国家都不再声称"资源是无限的"了，每个国家要发展，都必须利用好本国与世界的资源。然而，是否用心去保护对于许多国家与地区来说则难免有时力不从心。因为，在现代化过程中，发展与大规模资源使用是一组共同体，一旦减少资源的使用量，社会发展增长速度难免会降低、减缓。另外，在当今世界中存在更为复杂的矛盾：国家之间、国家内部、企业、个人及其这些主体之间的利益矛盾。因而，必须有像中国这样的大国率先开展生态文明建设才能获得榜样的力量，促进全球共同走向生态文明。

大石山区少数民族的环境保护观、资源节约观为中国生态文明建设过程提供了自身的价值。大石山区少数民族奉行和谐、主张节制的生态习俗。② 保护生态是传统大石山区少数民族生存的前提，在恶劣的自然环境与阶级斗争中如果不保护好安身立命的那一小块地域，民族的生存、延续将难以为续。2013 年 5 月，在中共中央政治局第 6 次集体学习时，习近平总书记强调，"坚持节约资源和保护环境的基本国策，坚持节约优先、保护优先、自然恢复为主的方针，着力树立生态观念、完善

---

① 彭慕兰著. 史建云译. 大分流：欧洲、中国及现代世界经济的发展［M］. 南京：江苏人民出版社，2003：131.
② 洪长安，李广义. 广西少数民族传统生态伦理文化研究［J］. 广西社会科学，2011，(7)：19－22.

生态制度、维护生态安全、优化生态环境";"保护生态环境就是保护生产力、改善生态环境就是发展生产力"。① 在党和国家对生态文明的认知过程中，走向了合理利用环境与资源、保护环境与资源优先，全面保护环境与资源的治国理政道路。利于大石山区少数民族的环境保护观、资源节约观，并与党和国家的生态文明建设理念和实践结合起来，对于保护广西生态、国家生态是非常有益的。

（三）有利于生态文明建设中各要素的协调发展

生态文明建设不是少采伐、少伐矿等表面现象，不是不作为，不是让国民"鸡犬相闻，老死不相往来"，而是要内化于整个国家、社会建设之中。尊重自然，与自然和谐发展，是少数民族人民处理人与自然关系的核心，也是和谐社会体系建构一个重要内容。② 除了与自然的和谐关系之外，大石山区少数民族将与自然、与环境的关系衍生成社会生活的各个方面，人与自然的关系也是人与整个民族生存的关系。通过与自然所获得的理念，并将这种理念繁衍到社会生活的各个角落，共同织成本民族社会的协调发展。

社会主义生态文明建设也不是单一的过程，不仅是从生态的角度出发来打造一个中华生态园林。生态自进入人类社会之后，就不是自然而然的，而是社会化的自然。生态与社会发展不再截然分化，哪怕在生产与自然的第一阶段，人与自然同一的过程中，也是逐渐按照人的目的而改造自然。现在的问题是，自然如何在人的改造过程中而不致威胁人类

---

① 习近平在中共中央政治局第六次集体学习时强调：坚持节约资源和保护环境基本国策 努力走向社会主义生态文明新时代［N］．人民日报，2013，5（25）：01.
② 洪长安，李广义．广西少数民族传统生态伦理文化研究［J］．广西社会科学，2011，（7）：19-22.

的存在，从而达成既不是人类中心主义，也不是纯粹的自然主义。这就要求在社会发展的过程中，把生态放在更加突出的位置，不再让社会发展中的其他要素压抑它。

大石山区少数民族把"天"放在第一位，强调"天人合一"、天人一体，体现了一个社会存在的要素分配方案，即自然是第一位，是人的存在的前提。人的活动受制于"天"，人的需求依赖于"天"。其实质是社会的发展与自然相互协调。大石山区少数民族的协调观对生态文明建设有着天然的现实意义。邓小平同志认为，我国"长期以来，由于对环境问题缺乏认识以及经济工作中的失误，造成生产建设和保护之间的比例失调，必须充分认识到，保护环境是全国人民根本利益所在。"①江泽民则强调了"正确处理经济发展同人口、资源、环境的关系"。②21 世纪是中国经济发展的转型期，经济发展遇到了前所未有的生态瓶颈，胡锦涛在十六届三中全会上提出"坚持在开发利用中实现人与自然的辩证相处，实现经济社会的可持续发展"③。习近平总书记更是凸显绿水青山和金山银山的辩证关系，绿水青山和金山银山二者都需要，通过绿水青山赢得金山银山。这也是生态文明建设中各要素协调发展的观念，大石山区少数民族"天人合一"的观念是与之相通的。

（四）对广西生态文明建设的应用价值

因地制宜，大石山区少数民族的环境保护观、资源节约观对于广西

---

① 该内容见 1981 年 2 月 24 日国务院颁布的《关于国民经济调整时期加强环境保护工作的决定》。转引自刘海霞，王宗礼. 邓小平生态环境思想探析 [J]. 中南大学学报（社会科学版），2014，20（6）：219－223.
② 江泽民文选（第三卷）[M]. 北京：人民出版社，2006：462.
③ 十六大以来重要文献选编（上）[M]. 北京：中央文献出版社，2005：483.

生态文明建设具有举足轻重的现实价值，不可忽视。

1. 为广西生态文明建设提供相应的文化指导

广西生态文明建设强调的是通过生态保护与生态可持续性来促进经济社会发展与转型经济社会发展原有模式。如何通过、如何促进、如何转型需要抛弃原有的唯 GDP 论的发展观，代之生态文化观，实现一种从人控制自然的文化过渡到人与自然和谐的文化。广西少数民族有着与自然和谐相处的生产生活经历，并积淀了朴素的生态观。如"刀耕火种"，这种看似破坏自然的方式，实现着天然的循环生产。"刀耕火种"是"以轮歇的方式交替耕种和休闲土地，不断地将休闲地上生长的植被所贮存的太阳能等能量转换到耕地里的农作物之上，实现从天然植物到栽培作物的循环，从而满足人类需要的人类生态系统"。① 这些朴素的生态观能够为广西生态文明建设提供相应的指导。如在构建循环型工业体系、发展生态循环农业、优化生态林产业等方面，可通过提升朴素生态观中的循环生产理念来指导。

2. 为广西生态文明建设建成提供参照

广西少数民族对人与自然和谐有着一套评判标准。这套评判标准不是以工具理性而是以价值理性为原则。随着自然的负作用对人类的影响越来越大，人们认识到无序地、混乱地改造自然对人与社会造成的伤害。在当前也提出了生态技术，期望通过生态技术来控制自然。然而，"绝没有先验的理由可以保证生态技术将会以生态原则为基础的——除非各个资本或产业相信那是有利可图的，或者生态运动和环境立法逼迫

---

① 尹绍亭. 一个充满争议的文化生态体系——云南刀耕火种研究 ［M］. 昆明：云南人民出版社，1991：53.

他们那样去做。"① 以期通过生态技术来达到与自然真正和解的目的并不能实现，至多只是暂时缓解了技术与自然的紧张的表面关系。少数民族的价值理性则能够为实现人与自然的和解生成前提，从而为广西生态文明建成提供参照。

3. 具有纠正因工业文明带来的负效应的价值

无限生产、工具理性、控制自然难以在短时期内改变，在改变的过程中必须形成一种不断自我纠正的机制。广西少数民族千百年来与自然和资源的融合过程中则形成了一种朴素的自我纠正机制。如各少数民族的图腾信仰就是这种自我纠正机制的突出表征，崇拜青蛙的民族认知到蛙类对水稻的价值。其他方面，也体现着"与人为利、人人为利"的情况，以最好的食物接待客人是利他的表现，共同分享收获是节约的形式（如猎获一头野猪时，一个人或一个家庭难以在很短的时间内消费完，见者有份的习俗则防止了食物变质，并能够形成个人及单个家庭在缺少食物时容易获得与分享他人的剩余产品），这些实为纠正生产生活中因个人主义、自由主义可能导致的社会维系断续的情况出现。学会运用少数民族的纠正机制是广西生态文明建设中意外后果回归常态的一种方法论。

三、对生态文明建设的战略价值

党的十八大确立了"五位一体"总体布局，生态文明建设已成为

---

① 詹姆逊·奥康纳. 自然的理由——生态学马克思主义 [M]. 南京：南京大学出版社，2003：326.

国家执政理念和发展战略重要组成部分。① 生态文明建设是我国整体发展的一大战略，那么对于这一战略，大石山区少数民族的伦理价值观对生态文明建设这一战略具有什么样的战略意义呢？就中国生态文明建设来说，至少有两大战略价值：对生态文明建设自身的战略价值，对大石山区少数民族社会跨越发展战略价值。

（一）对生态文明的制度建设的战略价值

生态文明建设不是口号，而要真抓实干。如何保证生态文明建设落实到全国各地，则需要制度。马克思认为，要实现共产主义、人道主义、自然主义，"需要对我们的直到目前为止的生产方式，以及同这种生产方式一起对我们的现今的整个社会制度实行完全的变革"②。这就是一种战略。当前，社会主义制度的中国实现了对资产阶级社会制度的变革。但是，在全球社会中资产阶级社会制度依然存在，中国仍然需要在制度上下大功夫才能保障生态文明建设的持续性。

大石山区各民族为了能够持续生存下去，逐渐形成了严格的制度以规约社会成员行为，以此来减少不必要的生存代价，提高社会成员的生存率与生活质量。如金秀瑶族自治县瑶族的《根底话》表达了对制度形成后的认同与强制："有了石牌律，瑶山固如铁。石牌大过天，对天也不容。哪个敢作恶，哪个敢捣乱，即使它是铜，也把它熔了；即使它

---

① 这里所讲的生态文明是狭义上的用词，与农业文明、工业文明等范畴不是同一层次。
② 马克思恩格斯文集（第九卷）［M］．北京：人民出版社，2009：561.

是锡，也把它化掉。"① 因而，在广西大瑶山有"石牌大过天"的信条。

大石山区少数民族将伦理价值观制度化，其中形成了保护生态、持续性利用生态，实现人与自然和谐的严格制度，并流传至今。在广西少数民族的村规民约中，关于生态保护的规定很多，如三江侗族自治县马胖村光绪元年（1875 年）制定的乡规中规定："妄砍竹木、私买柴木和偷盗柴火者，罚 1200 文。"② 苗族"榔规"③ 规定了大家应守的规章法度，凡有损害生态行为，均会招致"地方不依，寨子不满"，村寨要按"榔规"严格问责。壮族乡约制度的道光二十九年《龙脊乡规碑》，有如下规定："在牧牛羊之所，早种杂粮等物，当其盛长之时，须要紧围，若遇践食，点照赔还。未值时届禁关牛羊，践食者，不可籍端罚赔。"④ 毛南族在制度方面也是非常严厉，如民国《恩思县志》⑤ 中记载着一份具有生态保护内涵的毛南族规约——"隆款"，款里条文有：一拿获放火烧林者，或见证确实者，除赔赃外，罚钱五千文；一拿获放

---

① 金秀瑶族自治县志编纂委员会. 金秀瑶族自治县志 [Z]. 北京：中央民族学院出版社，1992：568. 注：石牌制普遍存在于广西大瑶山，是一种带有原始民主残余，维护社会秩序的政治制度及其组织。它把有关农业生产、维护社会秩序的法则，制成若干条文，刻在石碑或书写在木板上让全体成员共同遵守。时期的石牌法律十分严峻，在当时的大瑶山地区发挥过重要作用。见郝国强，钟少云. 从石牌律到村规民约：大瑶山无字石牌探析 [J]. 广西民族大学学报（哲学社会科学版），2014，36（1）：75 - 80。

② 侗学研究会. 侗学研究 [M]. 贵阳：贵州民族出版社，1987：93.

③ "议榔"是当地苗族地区一种民间议事组织，由某一区域的各个寨子共同参与，每隔几年召集一次会议，制定产生新的"榔规"。每次"议榔"先由各寨寨老（寨子里德高望重的人）商议，然后召集群众大会议定通过，并宣读生效。目前，"议榔"已被列入国家级非物质文化遗产名录。

④ 符广华. 壮族乡约制度功能研究：以龙脊十三寨为例 [J]. 广西民族研究，2005，（1）：103 - 115.

⑤ 恩思县即今天的环江毛南族自治县。

畜残害禾谷，或见证确实者，警告一次，再不，除赔赃外，罚钱三千文；一拿获放鸭污众汲水之处，或见证确实者，罚钱二千文。① 这份"隆款"的内容均为禁止性义务，以上条文都涉及生态保护的内容，与现代的环境保护是一致的。② 土家族的习惯法也十分重视对于生态环境的保护，如凡是插草标的树，都不准伤害一枝一叶，违者按条款处置。③ 广西其他民族也都形成了类似的制度，并长期发挥其作用。

将大石山区少数民族伦理价值观纳入生态文明建设战略中，一是有理论价值，二是有应用价值，三是有战略价值，我们要不断地对大石山区少数民族伦理价值观的研究、培育，发挥其战略意义。

（二）对大石山区少数民族社会跨越发展的战略价值

马克思指出，人与自然的关系从历史角度可以划分为四个阶段，其中第一个阶段与第四个阶段都是生产与自然的直接同一，即人与自然的同一。这是历史辩证法所确立的。

大石山区少数民族社会目前仍处在第一个阶段，而我们终究要进入到第四个阶段。大石山区少数民族社会能否从第一个阶段直接进入第四个阶段呢，或者进入反思性的第三阶段的后期呢。即大石山区少数民族

---

① 李广义. 广西毛南族生态伦理文化可持续发展研究 [J]. 广西民族研究, 2012, (3)：112 –117.
② 袁翔珠. 石缝中的生态法文明——中国西南亚热带岩溶地区少数民族生态保护习惯研究 [M] 北京：中国法制出版社, 2010：122 –123, 558.
③ 李霞. 土家族传统生态伦理观及其现代价值 [J]. 民族论坛, 2008, (10)：34 – 35.

社会是否可以跨越现代性的"卡夫丁峡谷"①，而不经过现代性的痛苦，直接进入人与自然和谐的自由王国。

马克思跨越"卡夫丁峡谷"思想主要针对当时的俄国农村公社的命运提出的。当时的俄国农村公社也处在人与自然的关系的第一阶段，是一个人依赖于人的社会形式。马克思认为，俄国农村公社要想跨越"卡夫丁峡谷"除了要发生俄国革命推翻沙皇之外，还要有两个方面的条件：占有资本主义制度所创造的一切积极的成果，与西方将发生社会革命②的外部环境。"它的历史环境，即它和资本主义生产的同时存在，则为它提供了大规模地进行共同劳动的形成的物质条件。因此，它能够不通过资本主义制度的卡夫丁峡谷，而占有资本主义制度所创造的一切积极的成果。它能够以应用机器的大农业来逐步代替小地块耕作，而俄国土地的天然地势又非常适于这种大农业。因此，它能够成为现代社会所趋向的那种经济制度的直接出发点，不必自杀就可以获得新的生命。相反，作为开端，必须把它置于正常条件之下。"③ "假如俄国革命将成为西方工人革命的信号而双方互相补充的话，那么现今的俄国公有制便能成为共产主义发展的起点。"④ 只有基于上述两个条件的实现，俄国农村公社才能够使跨越"卡夫丁峡谷"成为现实。

---

① "卡夫丁峡谷"（Caudine Forks）典故出自古罗马史。公元前321年，萨姆尼特人在古罗马卡夫丁城附近的卡夫丁峡谷击败了罗马军队，并迫使罗马战俘从峡谷中用长矛架起的形似城门的"牛轭"下通过，借以羞辱战败军队。后来，人们就以"卡夫丁峡谷"来比喻灾难性的历史经历。马克思用跨越"卡夫丁峡谷"来指称当时俄国等某些社会形态可以不经过资产阶级社会而直接进入共产主义社会，从而实现社会形态的跨越，因而这一社会形态就不用遭受资产阶级社会这一过程的痛苦了。
② 即社会主义革命将在多个发达资本主义国家发生的马克思"多国胜利论"。
③ 马克思恩格斯文集（第三卷）［M］. 北京：人民出版社，2009：579 - 580.
④ 马克思恩格斯文集（第二卷）［M］. 北京：人民出版社，2009：18.

任何民族的社会进程，都要从当时特定的历史环境出发。① 大石山区少数民族社会从理论上讲是可以实现跨越发展的，通过跨越发展能在很大程度下减少现代性后果对其的伤害。当然，大石山区少数民族社会不再需要像俄国那样先来一场政治革命。中国当前已经是社会主义制度的国家了，可以从顶层设计而不是自下而上的革命来为大石山区少数民族社会跨越发展提供格局。不过，另外两个条件也是必须的。一是要占有现代性后果中的一切积极的成果，二外部环境要有利，即外部环境要与大石山区少数民族社会的跨越发展要求"双方互相补充"。对于后者，中国已经开展了生态文明建设，这与处在第一阶段的大石山区少数民族社会是互相补充的。就全球社会来说，中国的生态文明理念、生态文明建设的成果正在推向全世界并逐渐受到认同，全球社会环境会越来越朝向生态文明之路。对于如何"占有现代性后果中的一切积极的成果"将在第八章中详细论述。从而，大石山区少数民族社会进行跨越发展又具有现实性。虽然广西少数民族地区经济社会发展相对滞后，但是生态环境相对良好，其文明形态具有可以跨越工业文明那种现代性带来的生态破坏、直接进入生态文明的跨越发展可能。② 对于可与全国同步全面建成小康社会的广西来说，推进生态文明建设更是发挥地区优势，实现跨越式发展的重要手段。③ 广西要全面建成小康社会，关键要看大石山区少数民族是否能够全面进入小康社会。通过跨越发展，应该

---

① 王复三，杨霞，李云峰. 也谈马克思的东方社会理论——一种历史的和方法论的考察 [J]. 山东大学学报（哲学社会科学版），1991，（1）：51－57.

② 杨红波. 生态文明视角下广西少数民族自治县县域经济跨越发展研究 [J]. 广西大学学报（哲学社会科学版），2016，38（5）：110－115.

③ 冯国忠. 马克思主义生态观及其对广西生态文明建设的启示 [J]. 河池学院学报，2014，34（3）：78－82.

可以做到这一点。做到了这一点，广西全面进入小康社会就能实现，全国全面进入小康社会就能实现。

那么，大石山区少数民族社会自身对跨越发展有哪些有利条件呢？一方面应该是在观念上，即有"天人合一"、人与自然和谐相处的朴素生态自然观。这是中国生态文明建设能够直接与大石山区少数民族社会同一的观念上的条件。也就是说，大石山区少数民族社会对现代性的后果仍然没有高度觉察，既没有享受到现代性带来的成就，也没有遭遇现代性带来的灾难，因而这一地区的人们也不必纠结于是否要走入现代性的后果之中。一方面是在制度上，即对中国生态文明建设具有战略意义，而这种战略意义用于大石山区少数民族社会的跨越发展又有战略价值，它体现了大石山区少数民族社会与生态文明建设的通约性。

当然，当前的大石山区少数民族社会是生产与自然第一个阶段的后期，生产与自然的矛盾逐渐增大。如果要让大石山区少数民族社会实现跨越发展，首先必须保存大石山区少数民族社会自然发展而形成的正常条件。正如马克思对俄国农村公社要实现跨越所必须做的事情一样，"这种农村公社是俄国社会新生的支点；可是要使它能发挥这种作用，首先必须排除从各方面向它袭来的破坏性影响，然后保证它具备自然发展的正常条件"①。如果没有做到这一点，跨越也只能是可能。

①　马克思恩格斯文集（第三卷）［M］．北京：人民出版社，2009：590.

第八章

大石山区推进生态文明建设的战略与对策

"广西生态优势金不换，要坚持把节约优先、保护优先、自然恢复作为基本方针，把人与自然和谐相处作为基本目标，使八桂大地青山常在、清水长流、空气常新，让良好生态环境成为人民生活质量的增长点、成为展现美丽形象的发力点。"①

一、以马克思主义生态文明观为指导思想

马克思指出："人创造环境，同样，环境也创造人。"② 人与环境是相互作用的，按现代性来讲，人离不自然，自然也需要人的互动。如果不按现代性来讲，自然不存在人格化的自然，有没有人类，或人类对自然如何破坏，自然还是自然。比方说，海啸就是一种自然现象，有没有人类都将发生。因而，从人与自然要和谐的角度来讲，只有人充分认识了自然，把自然视为自身，而不是以控制自然为目的，自然才能以人类的角度变得与人类和谐。

---

① 习近平在广西考察时强调：扎实推动经济社会持续健康发展［EB/OL］. 新华网. http://www.xinhuanet.com/politics/2017-04/21/c_1120853744.htm, 2017-4-21.

② 马克思恩格斯文集（第一卷）［M］. 北京：人民出版社，2009：545.

"自然界是不依赖任何哲学而存在的；它是我们人类（本身就是自然界的产物）赖以生长的基础。"① 自然界不是虚幻的，不是文本的，而现实的制约着人的生存，人的类的生存。自然是第一位，人是第二位。人可以改造自然，但不能随心所欲地改造自然，甚至必然小心谨慎地去改造自然。"自然的生态价值对人类价值具有优先性，一旦生态价值遭受破坏，人类价值也便荡然无存。"② 现存的问题是，人虽然作为类而存在，但仍是个体的。这种个性表现在，某一个体能够越过其他个体而享受其他个体的生态内容，即能够通过不平等的交往来剥夺其他个体的天然的生态内容。恩格斯曾论述道："我们这个世纪面临的大变革，即人类同自然的和解以及人类本身的和解。"③ 人与自然的和解问题在当代首先衍生为人与他人的和解与人与类的和解。资产阶级社会存在，社会主义制度的国家同样存在此类问题。

如何如解决此类问题，马克思与恩格斯认为，首先在于"我们对自然界的整个支配作用，就在于我们比其他一切生物强，能够认识和正确运用自然规律"。④ 即作为社会主义制度的国家要加强对必然王国的认识，在理论上认清生态文明的历史地位、规律，以做好实践上的准备。其次，反思人与生态的关系，是人或人类决定了生态，还是生态决定了前者。人的能力是否可以无限延伸而不受制约，人与生态的和谐节点在哪里，人是否真的可以控制自然。恩格斯曾有恰当的说明，"不以

---

① 马克思恩格斯文集（第四卷）[M]．北京：人民出版社，2009：275．
② 黄志斌，任雪萍．马克思恩格斯生态思想及当代价值 [J]．马克思主义研究，2008，(7)：49－53．
③ 马克思恩格斯全集（第一卷）北京：人民出版社，1956：603．
④ 马克思恩格斯文集（第九卷）[M]．北京：人民出版社，2009：560．

伟大的自然规律为依据的计划，只能带来灾难。"再次，人类必然联合起来。"代替那存在着阶级和阶级对立的资产阶级旧社会的，将是这样一个联合体，在那里，每个人的自由发展是一切人的自由发展的条件。"① "社会化的人，联合起来的生产者，将合理地调节他们和自然之间的物质变换，把它置于他们的共同控制之下，而不让它作为一种盲目的力量来统治自己；靠消耗最小的力量，在最无愧于和最适合于他们的人类本性的条件下来进行这种物质变换。"②

马克思主义生态观是中国生态文明建设的根本指导思想，因为它强调人与自然的关系具有内在统一性、和谐性，批判了现代性、资本社会对生态造成的灾难，为社会主义生态文明建设指明了方向。在大石山区开展生态文明建设也必然要以马克思主义生态文明观为指导思想。

二、构建广西生态地域民族文化交往体系

狭义上的文化指一种精神、思想、观念，是人们对待事物的一种心态，这是本书所指文化。作为一种文化（体系），它的主要功能是指导与规范一定地域上或某一特定的人群的行为。文化由人们的物质活动派生而来，而当一定的文化体系形成之后，这种文化体系便拥有了独立性。基于地理因素、行政区域划分因素、多民族因素，广西壮族自治区内不同地域、不同民族、同一地域各人群、族群之间的文化体系各自独特，在传承与创新方式上也并不统一。如南丹县大瑶寨瑶族的"油锅制"是一种大家平均分配、各家各户互相帮助的制度文化；苗族的

---

① 马克思恩格斯文集（第二卷）［M］．北京：人民出版社，2009：53.
② 马克思恩格斯文集（第七卷）［M］．北京：人民出版社，2009：928－929.

"议榔"制度是同宗共鼓宗族成员召开的会议，会上制定共同的生活规约，由全体成员共同执行，等等。

由于人类活动历史上的地域间隔、地域冲突、群体融合及现代性的生成等，存在着众多的各具特色的文化体系，这些文化体系并不是完全独立，这些文化体系在任何时刻都在相互吸收其他文化体系的内容，尤其在当代国家经济"发展流"与全球化的条件下，各民族文化体系之间存在迫切的互构要求。

在传承下来的文化内容中，因历史的偶然性与选择性问题，有一些文化因素已经不适应经济社会发展但仍在某一文化体系内。对于其中一些已经完全不适应经济社会发展的文化因素必须在互构中排除；对于一些与当代经济社会发展有一定冲突但仍具有促进经济社会发展作用的文化因素，在互构中要加以利用、优化。这是互构的一方面的内容。

文化体系互构另一方面的内容，尤其在广西生态文明建设的过程，要注重形成一种有利广西发展的特色文化体系。从现有的文化资源来看，广西由于有着多民族发展的丰富历史，尤其是各少数民族形成了丰富多姿的地方民族文化。这些文化当中，因少数民族为了生存、繁衍、发展、对抗不公平的社会制度，形成了具有较高价值的生态自然观或初级生态文明观。如大多少数民族有着勤劳节俭、诚实守信、惩恶扬善、重情感恩的社会公共伦理，形成了与自然和平相处、平等互利、容忍克制的价值观。[①] 这些生态自然观或初级生态文明观能够为广西开展生态文明建设提供丰裕的理论基础与实践价值。各种有利于广西生态文明建

---

① 庾虎，罗展鸿. 桂西北大石山区少数民族价值伦理观变迁研究——基于中年者的问卷调查 [J]. 理论探讨，2014，(6)：151 - 153.

设的文化体系就在那里，在这种情况下，广西面临着如何转化与包容这些文化体系。转化的原因在于尽管各种文化体系在主要方面是积极的、有利于生态文明建设，但基于各种文化体系的独立性所产生的排斥力仍须在生态文明建设过程中转化它们体系结构，才能使其功能最大化。而在转化这些文化体系时，必须防止这样一种情况的出现：在各种文化体系中，存在一种作为主体的文化体系，其他文化体系尽管与主体文化体系存在内部互构要求，但主体文化体系往往在互构过程中占据有利地位，并利用这种地位压制其它文化体系。因此，要实现一种包容性文化体系建设。

从而，在建设广西生态文化互构体系的过程中，首先必须从宏观上形成广西生态文明建设的完整文化主体。广西生态文明建设必须实现所有个体、人群、民族的生态性发展，同时每一个个体、人群、民族的文化发展是生态文明建设的根本之一。为此，广西在生态文明建设的过程中，要形成一种更具人性的文化环境。其次，必须从微观上形成广西生态文明建设的文化多样文化性。生态文明并不是一种后现代性学者所指称的"破碎的故事"，而是一种包容性的现代文明。每一种精神、思想、观念本身的差异性都是生态文明理论的基础。广西生态文明建设的文化基础必须是所有文化体系的升华，如果排斥了其中的一方面，也就是放弃这一方面的文化体系，也就将失去建设生态文明的可贵生态文化资源。

广西近年提出了"生态立区、绿色崛起"的战略思路，加快建设生态文明示范区，加快转变经济发展方式，加快产业转型升级，确保生态文明和经济发展"两不误""双促进"。在这一战略思路中，生态文明建设需要生态价值观的指导，才能摆脱原有现代化遗留的负效应。生态价值观的形成与发挥功能一方面要以社会主义核心价值观为根本，通过社会主义核心价值观确保生态文明建设过程正常、有序；一方面则要以广西民族文化观，尤其是长期以来形成的少数民族生态文化观来确保生态文明建设的量与质相结合。即要生成广西传统民族优秀文化与社会主义核心价值观相统一的生态价值观指导生态文明建设。如何将广西传统民族优秀文化与社会主义核心价值观相统一在第六章有了详细的论述，这里不再赘述。

三、重发展理性更重民族特色

费孝通曾指出："中国的少数民族大部分聚居在中国的西部。西部和东部的差距包含着民族的差距。西部的发展战略必须考虑民族因素：一方面动员这地区少数民族参与这地区的开发事业，另一方面要通过这地区的经济开发使这地区的少数民族发展成为现代民族。"[①] 中国传统少数民族社会发展成为现代民族是一种必然趋势。然而，道路有差别。是走现代性那种"传统"道路还是走跨越现代性道路，对大石山区少数民族社会来说有着巨大的差别。

现代性那种"传统"道路相比跨越现代性道路是更为容易"走"的，也更为直接，甚至更为被大石山区少数民族所接受。因为现代性以工具理性为核心，并高效。例如，韦伯从手段、目的理性来分析现代社会的变革，认为"理性化"的多样性是现代性的本质，诠释了现代性

---

① 费孝通. 学术自述与反思：费孝通学术文集 [C]. 北京：生活·读书·新知三联书店，1996：116.

的意义，奠定了现代性的"理性化"范式。①

涂尔干则从机械团结转向有机团结着手，认为工业主义是现代性的内涵，工业主义寻求技术的进步改变了传统生活，使传统走向现代，把劳动分工作为社会发展的动力机制，便有了现代性的"工业主义"范式。② 在马克思看来，工业社会与资本主义社会又是同一个事物的两个方面。"我们建议用'资产阶级社会'和'工业和商业社会'这样的说法来表示同一个社会发展阶段，虽然前一种说法更多地是指这样一个事实，即资产阶级是统治阶级……而'商业和工业社会'这个说法更多地是指社会历史阶段所特有的生产和分配方式。"③ 无论工业主义、资本主义都与技术直接挂钩。技术的发展与社会应用催生了机器大工业，也逐渐让这个世界从"温情脉脉"变成现金交易，"用公开的、无耻的、直接的、露骨的剥削代替了由宗教幻想和政治幻想掩盖着的剥削"④。

在生态学马克思主义看来，技术集中成为控制自然与控制人的手段。技术越进步，资本越通过技术更大范围集中，管理与生产的权力越集中到少数资本所有者手中，对那种集中之外的人也达到了更有利地控制。那种集中之外的人难以形成一种较大的集团或集体来对抗资本与生产的无限扩大，难以消除无限扩大的生产对生态的破坏。"绝没有先验的理由可以保证生态技术将会以生态原则为基础的，——除非各个资本

---

① 庾虎. 现代性的生成结构 [J]. 高等函授学报（哲学社会科学版），2010，（8）：10-13.

② 庾虎. 现代性的生成结构 [J]. 高等函授学报（哲学社会科学版），2010，（8）：10-13.

③ 马克思恩格斯全集（第二十八卷）[M]. 北京：人民出版社，1973：139.

④ 马克思恩格斯文集（第二卷）[M]. 北京：人民出版社，2009：33-34.

或产业相信那是有利可图的，或者生态运动和环境立法逼迫他们那样去做。"① 从根本上来说，经济危机向生态危机转向，危机仍然是由资本所有者引起。从而，在新技术手段的推进中，资本社会将形成社会危机、经济危机和生态危机的"三合一"。"现代科学技术革命所起的作用和所产生的后果，以极其尖锐对立的两重性摆在了人们的面前。它既给人类带来了莫大的福利，又把人类带到了毁灭的边缘。这大概是唯物史观的创始人始料所不及的。"②

资本与生态存在天然的矛盾，正如市场经济与生态环境之间存在悖论一样③。以技术为发展手段的生产，不可避免地成为以资本为发展手段的生产。资本存在着反生态本质。霍布斯鲍姆就认为："非市场性的资源配置——或至少对市场性配置予以毫不留情地限制——是防止未来生态危机的主要途径。"④ 从而，必须在社会主义制度下防范现代性后果对大石山区少数民族社会的异化。

多年来，由于一些无知或现代主义行为造成为了等诸多人与自然、生产与自然的矛盾，如为了开拓更多的荒地却导致大石山区石漠化扩大。有时还造成生态恶性事件，如广西龙江河突发环境事件、贺江水污染事件。据环保部门统计，2008 年以来广西共发生 100 多起突发环境

---

① 詹姆逊·奥康纳. 自然的理由——生态学马克思主义 [M]. 南京：南京大学出版社，2003：326.
② 孟庆仁. 为什么要提出现代唯物史观 [J]. 中共济南市委党校学报，2003，（4）：33-35.
③ 张沁悦，马艳，刘诚洁. 市场经济的生态逻辑 [J]. 教学与研究，2014，（8）：15-21.
④ 艾瑞克·霍布斯鲍姆. 极端的年代：1914-1991 [M]. 北京：中信出版社，2014：708.

污染事件。①

生态文明建设从以生产为核心特征的社会形态的角度来看，是对工业文明及现代性后果的反思。工业文明及现代性在创造了大量物质财富的同时，也对整个人文社会造成了不同程度的异化，人被物质财富尤其是商品所"殖民"，成为"单向度的人"。生态文明建设是人自觉把握已有的人类文明成果与社会发展所付出的代价过程中提出的一种反思性建设，是人类社会发展的必然性结果。既然是反思，那么对生态文明建设从一开始就是一个试错过程，因为反思是在经验中达到自为的一个过程。"把民生改善、社会进步、生态效益等指标和实绩作为重要考核内容，再也不能简单以国内生产总值增长率来论英雄了。"② 习近平总书记提出的不以 GDP 论英雄，不以经济指标为核心考核内容，把生态良好、生活幸福放在考核之中，就是对人类社会发展过程的重大反思。

在大石山区少数民族社会开展生态文明建设的战略是要保持壮乡的美丽。在壮乡有一个流传至今的美丽传说——古代壮族老妈妈用壮锦描绘的幸福生活中，有房屋，有田地，有花园、果园、菜园、鱼塘，还有鸡鸭牛羊。太阳山的仙女看了都羡慕不已，用一阵风将壮锦卷去作练习范本。这故事只是个神话，现在却将要建设一个名副其实的美丽广西。

四、主动汲取少数民族朴素生态文化观精华

生态文明建设，至少生态文明的初级阶段是没有一个统一的模式来

---

① 大甘，覃星星. 广西突发环境事件频发凸显环保欠账 [EB/OL]. 经济参考网，2013 - 12 - 3. http：//www. h2o - china. com/news/123428. html.
② 习近平. 习近平谈治国理政（第一卷）[M]. 北京：外文出版社，2014：419.

构建的。正如共产主义的初级阶段，不可能要求每一个国家、每一个民族形成同样的建设模式。只有因地适宜地进行有利于本国、本地生态文明建设的模式才能够完成生态文明建设的初级要求。因而，从实际出发建设广西生态是其方向之一。在这个过程中，要全面吸取少数民族朴素生态文明观的精华，用以指导广西生态文明建设的建设。

（一）善于学习少数民族的生产生活方式

广西少数民族聚集地虽然大多属于资源丰富地方（如矿藏、生物多样性、地广等），但是生存环境却相对恶劣（如喀斯特地貌区、水土流失严重区、高寒山区等）。聚集地资源丰富这一条件对少数民族来说对价值并不大，如矿藏对壮、瑶少数民族来说仅是获得银的前提。生存环境恶劣是少数民族直接面对的，在恶劣的生存环境中，少数民族生生不息，在生产生活中创造了绚丽多姿的文化，并生成了人与自然和谐的状态。这值得我们去研究、提升少数民族的生态文化观，值得我们以少数民族的生产生活方式来反省、反思现有的生产生活方式。学习少数民族，就是要学习他们那些包含着丰富生态伦理智慧的思想，那些对于民族地区的生态环境保护，生态平衡的维持，物种多样性和文化多样性的延续起到了重要作用的生产生活方式。

（二）加强与少数民族双向交往

从广西少数民族与现代性的交流来看，外出打工、规模种养等已经越来越成为他们生产生活方式的主要方面之一。当然，我们已经知道，这是现代性的强势所致，它对少数民族聚集地生态造成的困境也是有目共睹的。从制度方面来说，广西少数民族有着自身的制度文化，如南丹县大瑶寨瑶族的"油锅制"是一种大家平均分配、各家各户互相帮助的制度文化；苗族的"议榔"制度是同宗共鼓宗族成员召开的会议，会上制定共同的生活规约，由全体成员共同执行，等等。在制度交往方面，往往是地方政府制度单向的、简单的进行，缺乏制度交往的双向性和特色。各少数民族基本上接受着同一种制度，而少数民族的制度优势没有被利用、运用在生态文明建设中。因而，在生态文明建设过程中，必须改变原有的交往方式，实现与少数民族的自觉交往、共同创新制度。

（三）保存与延续少数民族生态文化观

在对少数民族地区的开发过程中存在许多不适当的行为和做法，民族地区经济社会发展的同时，少数民族传统的朴素生态观、辩证自然观失去了发挥作用的基础，对这些地区的环境与资源造成了极大的破坏，从而导致了少数民族地区严重的生态危机。这不仅成为少数民族地区进一步发展的障碍，甚至对我国中、东部地区乃至整个国家带来了很大的负面影响。①

少数民族生态文化观是生态文明建设中宝贵的生态文化，也是国家珍贵的文化资源与遗产。一些人类学民族学家通过对不同民族不同文化中所具有的传统知识在维护生态环境方面所起到的积极作用都极为肯定，传统知识对生态环境的保护有积极的作用，应加以发掘利用。保护与延续广西少数民族生态文化观，是实现生态文明建设的积极因素与有利前提。

从第二章、第三章来看，大石山区少数民族伦理价值观具有朴素生

---

① 白葆莉. 中国少数民族生态伦理研究 [D]. 中央民族大学, 2007.

态理念，只是随着现代性、GDP 模式等生产方式、生产要求而发生了改变。目前，大石山区少数民族正处于农业、工业、后工业、生态文明四重夹缝之中，原有的朴素生态理念难以经受住如此强烈的冲撞。只有保护好他们的朴素生态理念，并加以提升才能使这一地区的少数民族不必遭受太大的代价而获得中国现代社会发展带来的价值理性与效益。

我们要在少数民族地区开发方面，不以开发为理由进行破坏性的建设，无论是有意还是无意的，如现在有许多以生态旅游、文化遗产保护等名义进行的项目存在着此种情形；要深入挖掘少数民族生态文化观并加以提升，之所以要提升是因为少数民族的生态文化观是一种朴素的生态观，许多情形存在着主体相对于客体进行身份降低的情况；要以特色为重心开展生态文明建设，等等。只有这样才能在保存与延续广西少数民族生态文化观的同时，创新与增进生态文明建设的生态价值观内容。

五、适应大石山区少数民族生态文明建设的要求

每个少数民族既有建设一种符合时代潮流的生态文明要求，也为生态文明构建做出自身的贡献。对大石山区少数民族当前生态文明建设的要求，一方面要与时俱进，另一方面在这些地方开展生态文明建设的过程中要突出其特殊性，实现少数民族地区的发展与国家战略相适应。

（一）适应少数民族生态生产方式的现实

一个地域一定时期的生产方式是由一个国家的总体生产方式所制约，但由于地域的特殊性，在不改变国家总体生产方式的前提下，有其特殊性。在大石山区，由于历史与环境成因，少数民族居住地大多是传统经典作物种植较少，如水稻（少数民族占有的蓄水量较高的田地较少）等；或是种植的传统经典作物的产量低下，如玉米（少数民族占有的田地面积较少，"有一个斗笠一块地"之说）、花生、大豆、甘薯等；大规模的其它农副业生产也较少。但同时，各种替代性的农林牧畜渔产品却产出较多，如巴马的油鱼、玉米面糊、甚至山泉水都可以成为外销的高端产品。由于不同的气候因素，也导致各地的作物种植不同，如有的地方适应种植烟叶、有的地方适应种植桑叶。而且一些规模不大的种养也很有储备基础，如黄红麻、火麻、山黄皮果、香猪、瑶鸡、八渡笋、岩黄莲、七叶一枝花等。其实这些种养适应了当代小规模、个性化生产的要求。可以说，一种似乎"后现代性"的生产在少数民族地区开展是适得其所的。

从而，在培育和发展少数民族的生产、生活方式之时，应因时因地地开展各种特色的生产，在不改变（恢复）原有的（或改善现有的）生产条件时，一方面可以扩大那些需求量较大但生产规模受限的种养，一方面却必须保证不乱开发、不随意开发、不过度开发。在国外，对于传统的、量少的、但受欢迎的物品，政府并不随意干涉，由社区、地方或狭窄的区域行业自行设计。只是在这些地方，存在着"有"但却无人"知"的情况下，政府可以进行适度的指导。切不可为了 GDP 的增长而过度的使用行政命令。

（二）适应少数民族生态和自然环境的制度建设的现实

生态与自然环境作为制度设计的重要客观因素一直被忽略。恰恰相反，在制度设计中，考虑把生态与自然环境和生产方式相结合起来，有利于制度的人本性、持续性和优越性。生态学马克思主义认为除了生产力、经济基础等社会性因素对社会制度的变革与对人的解放作用之外，自然与生态环境同样是不可缺少的非常重要的因素。从而，将一直被忽视的自然因素重新在唯物史观中加以认识，使唯物史观中被遮蔽的自然因素得到重视。

生态文明的构建过程要求制度改革，而制度改革与完善又是生态文明得到落实的保障。适宜的制度必将推动生态文明的开展。在再探索大石山区少数民族发展的制度设计过程中，如何将这些地区的发展制度设计得更加符合地区本身的要求，是当前大石山少数民族地区生态文明建设的重要前提。大石山少数民族地区的特点，一是石山区域多并分布不均；二是少数民族人口多、民族数量多。前者要求因地制宜地开展生产建设，防止运动式、冒进式、命令式的种养规划，也要防止忽略自然和生态规律的种养规划，深入各个石山区域开展土地测量、土质检测、种养环境调查，制定合理的种养指导政策，客观上防止群众不愿种、无法种养的生产情况出现。后者要求在制度的制定过程中，充分体现各民族的特殊性，如尊重各民族的生产习惯、生活习俗、道德观念、传统文化，只有建立在体现民族特殊性和对各民族文化积淀尊重的基础上，才能制定出有效的构建少数民族生态文明的政策。

（三）适应少数民族伦理观的现实

一般来说，神话传说、宗教信仰、乡规民约和习惯法是少数民族生态伦理观形成的主要来源，并且这种伦理观中蕴含的少数民族传统文化有着对生态环境的深层关爱。① 在大石山区少数民族中就存在着这种对生态环境深层关爱的长期积淀成果，如长期以来以"刀耕火种"的主

---

① 　宝贵贞. 少数民族生态伦理观探源［J］. 贵州民族研究，2002，（2）：102 – 106.

要生产方式的瑶族有着很强的节俭消费、集体意识、互助合作、亲情和睦、平等的观念，有利于和谐社会的建设；苗族信仰万物有灵、崇拜自然、祀奉祖先，形成了自然崇拜、图腾崇拜、祖先崇拜等原始宗教形式，是一种对自然的敬畏与共处生存伦理观；一些侗族以地域为纽带形成具有部落联盟性质的"合款"仍普遍存在，每个氏族或村寨，皆由"长老"或"乡老"主持事务，用习惯法维护社会秩序；毛南族聪明、勤劳，在长期的生产、生活实践中，创造了光辉的文化艺术；毛南族的神话传说、民间故事相当丰富，真实地反映了毛南族人民的道德观、价值观和艺术修养，像《盘古的传说》《三九的传说》《太师六官》《顶卡花》《七女峰》《恩爱石》等为毛南族人民世代传颂，等等。

大石山区居住着众多少数民族，在这些少数民族中生态文明与文化蕴藏异常丰富，曾经相当长的时间内，这些文明与文化中的许多内容与形式被标上了不适宜继承的标签，所幸的是它们大部分都流传了下来。在与 GDP 博弈中，这些少数民族的伦理价值观有了一定的改变，但 GDP 的发展模式中也对这些伦理成果与文明形态产生了较大的兴趣，不过这些兴趣往往表现在如何利用它们来形成 GDP 增值。其实，挖掘少数民族伦理观中的生态价值并进行传播是相当必要的，但这种挖掘并非一定要进行市场化。党的十八大报告已经明确了发展文化产业的目的首先是为了满足人们多样化的文化消费需求，这是我们的主要目标。文化产业首先是文化，其次才是产业。从而，必须从尊重少数民族伦理成果与文化成果的前提着手，发挥这些成果在生态文明构建中的作用，推进少数民族广大地区伦理观与生态文明相互彰显、与时俱进。

（四）适应少数民族价值观的现实

经济发展是价值观变化的基础。作为少数民族文化的内核，少数民族价值观也是传统文化的深刻凝结，它在最深层面与现代交锋和交融，其传统价值观受到了深刻的冲击，面临着严峻的挑战。① 从整体上说，少数民族价值观的变化与超越依赖于整个国家对其历史与文化价值的充分自觉，依赖于整个国家的经济实力的发展，依赖于整个社会的变迁程度，也依赖于少数民族自身的文化自觉，依赖于有效的全球对话与交流。

在当代，少数民族价值观面对的最大实际是社会主义核心价值体系的构建，这是根本要求。也只有在社会主义核心价值体系的构建过程中才能最终实现与完善少数民族价值观。同时，少数民族价值观的实现还又有着自身的特定的社会与历史环境。少数民族地区由于历经的生活方式与生产方式与一般地区有着相常在差异，虽然在 GDP 的现代化进程中有过许多变化。但是这些变化，并没有全部或大部改变少数民族地区人们的价值观。在大山石山区中，各少数民族的好客、够用就行、简单就是美、和谐共存等观念盛行，这些观念与儒家思想具有一定的互通性，也是少数民族克服自然灾害与生存的基本原则。从而，观照少数民族价值观的现实与改革是当前在像广西这样一种少数民族聚居的地方构建生态文明的重要基石，也只有这样才能做好民族地区工作与建设。

---

① 周笑梅．现代化进程中的中国少数民族价值观传承［J］．延边大学学报（社会科学版），2010，（4）：94－98.

结　语

　　自本世纪以来，如何既有效地发展经济又保护好生态是党和国家政策议题的重要内容，在即将全面建成小康社会的倒计时阶段，党的十八大报告对推进中国特色社会主义事业首次提出了包括生态文明在内的"五位一体"总体布局。这一布局对广西生态文明建设有着全局性的指导作用，而少数民族地区生态文明建设必然又对生态文明建设具有重要的意义。

　　总的来说，大石山区少数民族社会所形成的伦理价值观首先有利于制定科学的民族发展政策。由于当代社会变迁迅捷，大石山区少数民族的生产方式、生活方式、价值与伦理的观念及之间的关系也在发生变化，这种变化对一般地区与少数民族地区将产生不同的影响，考察这种影响有利于制定科学的民族发展政策。在大石山区少数民族地区，当前要积极地将区域治理与生态重建紧密结合，将大石山生态恢复，开展重建生态林或经济林、封山育林、治理石漠化、防止水土流失等措施。在政策制定的过程中要积极地突出这些少数民族地区的环境特殊性、伦理观特殊性和价值观特殊性，努力制定适应少数民族地区的发展政策。

其次，有利于处理好现代化进程中少数民族伦理价值观变化。生态文明构建与以 GDP 为核心指标的经济社会发展是两种有着巨大差异的发展模式，而这对于少数民族地区伦理价值的变迁又有着重大影响，如何处理好两种不同发展模式所带来的社会变迁对少数民族地区人们伦理价值观，对于构建和谐社会与全面建成小康社会有着无法脱离的影响。同时，少数民族地区是多个民族聚居的地方，每一个少数民族都有着自身的伦理价值观的积淀。生态文明构建过程中，如何处理好各民族的传统与现代性、传统与生态文明构建之间的关系以及历史遗留问题是党和国家的重要任务，有着重要的理论与现实意义。

再次，有利于全面建成生态文明。研究大石山区少数民族地区的生态文明建设将有助于党的政策、方针、路线的落实与本土化。这种落实，必然推进少数民族地区各方面的发展，并且是健康的、持续的、符合少数民族愿望的发展，当这种发展得到少数民族的全面支持时，也会有助于推进小康社会的全面建成，也就推动了生态文明的全面建成。

建设生态文明并非一朝一夕，生态文明建设的过程并非一帆风顺，实现生态文明需要毅力和智慧，需要我们付出最大的努力。正如习近平总书记强调的，"要像保护眼睛一样保护生态环境，像对待生命一样对待生态环境"。作为自然资源十分丰富仍是后发展、欠发达省份的广西，正在通过充分、协调利用丰富的自然资源，发展生态经济，不盲目、不急躁、渐近地、有质有量地走向和谐有序的现代生态文明。

附　录

广西大石山区少数民族伦理价值观变迁的调查问卷

广西大石山区少数民族伦理价值观变迁的调查问卷

您好！

为了解当前广西大石山区少数民族伦理价值观的变化情况，特组织了本次调查。调查以不记名的方式进行，我们保证不会泄露您的任何信息。您只需将您认同的选项填入（　　　）或填写在"　　　　"即可，以下每题均为单项选择。衷心感谢您的支持配合！

本调查问卷由居住在河池市、百色市、南宁的隆安县、马山县、柳州的融水苗族自治县、融安县、三江侗族自治县、来宾的忻城县、崇左的天等县的少数民族填写。

桂林航天工业学院思想政治理论课教学部

第一部分　个人基本信息

1. 您属于下列哪一个少数民族？（　　　）

A. 壮族　　　B. 瑶族　　　C. 苗族　　　E. 侗族

F. 仫佬族　　G. 毛南族　　H. 回族　　　I. 彝族

191

J. 水族 　　　K. 仡佬族 　　 M. 其它少数民族（ 　　　）

2. 您所居住的地域（即您家庭所在的市县，或您所属民族长期聚居的市县）：_____（市）_____（县、区）

3. 您及您的家庭是否长期与您所属民族的人们聚居在一起？（ 　　　）

A. 是 　　　　　B. 否，从来没有与他们聚居在一起

C. 否，但曾经有过

4. 如果有可能的话，您是否希望回到或继续与本民族的人们聚居在一起？（ 　　　）

A. 是 　　　　　B. 否 　　　　　C. 无所谓

第二部分　家庭基本生存环境情况

5. 您曾经是否希望您家庭的生产生活条件有所改变？（ 　　　）

A. 是 　　　　　B. 否 　　　　　C. 无所谓

6. 您家庭目前的生产生活条件较以往相比是否有所改善？（ 　　　）

A. 有较大改善 　　　　　B. 改善情况不明显

C. 没有 　　　　　　　　D. 有所倒退

7. 您家庭目前的生产生活条件是否是您所希望的？（ 　　　）

A. 是 　　　　　B. 否 　　　　　C. 无所谓

8. 您所居住地域的自然环境目前是否遭到破坏或得到改善？（ 　　　）

A. 得到了根本改善 　　　　　B. 造成了很大的破坏性

C. 有的地方得到了改善，但有的地方却遭到了破坏，改善大于破坏

D. 有的地方遭到了破坏，但有的地方也得到了改善，破坏大于

改善

9. 您是否认可目前所居住地域的自然环境发生的变化?（ ）

A. 是　　　　B. 否　　　　C. 无所谓　　D. 没有发生重大变化

第三部分　个人及本民族的生产方式情况

10. 您父辈时的家庭经济主要收入来源于哪一类?（ ）

A. 农业种植或养殖　　　　B. 狩猎　　　C. 外出务工

D. 做零活　　　　　　　　E. 自主或合伙创业

F. 本地单位（包括政府部门、国营企业、事业单位及各类私营企业等有固定时间上班的单位）

G. 其他_____

11. 您现在的家庭经济主要收入来源于哪一类?（ ）

A. 农业种植或养殖　　　　B. 狩猎　　　C. 外出务工

D. 做零活　　　　　　　　E. 自主或合伙创业

F. 本地单位　　　　　　　G. 其他_____

12. 您所居住地域本民族人们的家庭主要收入获取的方式是否发生了重人改变?（ ）

A. 是，从农业向本地工业、服务业转变

B. 是，外出务工人数增多，并成为主流

C. 是，放弃了原来的收入方式，但目前获取收入的工作很不稳定

D. 否

13. 您是否接受您目前的家庭经济主要收入的来源方式?（ ）

A. 是　　　　B. 否　　　C. 无所谓

14. 如果有可能，您是否愿意从事（或继续从事）那些具有本民族特色的收入工作？（   ）

　　A. 是　　　　B. 否　　　　C. 无所谓

15. 如果您或您的家人有在本地工作，所从事的工作（或所在的单位）是否造成了对自然环境的某些破坏？（   ）

　　A. 是，造成了很大的破坏　　B. 是，造成了局部的破坏

　　C. 否，没有太大的影响　　　D. 我和我的家人都不在本地工作

第四部分　个人及本民族的生活方式情况

16. 您目前的生活水平是否得到了改善？（   ）

　　A. 是，有很大的改善　　　B. 是，但改善不大

　　C. 否，没有得到改善　　　D. 否，有所倒退

17. 如果您生活水平的改善是基于自然环境的破坏为前提，您是否接受这种改善？（   ）

　　A. 是　　　　B. 否　　　　C. 无所谓

18. 对于本民族那些独特的生活方式，您是否还在继续保有？

　　A. 是，保有本民族主要的（或全部的）独特的生活方式

　　B. 只保有部分本民族独特的生活方式

　　C. 否，基本上不再按那些独特的生活方式生活

19. 您所居住地域本民族的那些独特的生活方式是否在本民族内部传承下来了？（   ）

　　A. 是

　　B. 只有一部分本民族独特的生活方式仍在人们的生活中开展

C. 否，已经没有多少人再按那些独特的生活方式生活了

20. 您是否接受本民族其他人们按传统方式生活？（　　　）

A. 是　　　　B. 否

C. 无所谓，我已经脱离本民族的传统生活方式很长时间了

21. 如果政府出台、落实保护本民族那些独特生活方式的政策，您是否支持？（　　　）

A. 是　　　　B. 否　　　　C. 无所谓

22. 您所居住地域本民族目前的生活方式是否造成了对您自然环境的某些破坏？（　　　）

A. 是，造成了很大的破坏　　B. 是，造成了局部的破坏

C. 否，没有太大的影响

第五部分　本民族的制度文化传承情况

23. 您曾经是否认同本民族的制度文化？（<u>注：这里的制度文化是指本民族的族规、习俗、习惯等，能够在本民族内部约束、指导人的行为。</u>）（　　　）

A. 是　　　　B. 否　　　　C. 无所谓

24. 您目前是否认同本民族的制度文化？（　　　）

A. 是　　　　　B. 是，但也需要结合今天的现实情况开展

C. 否，它们已经过时了

25. 您所居住地域本民族的制度文化目前是否得到遵守？（　　　）

A. 是，全部得到人们的遵守

B. 是，主要方面得到人们的遵守

C. 否，已经没有强制性

D. 其它情况_____

26. 您父辈时，本地域本民族的制度文化是否起到了对自然环境的保护？（　　）

　　A. 是，对自然环境产生了重要的保护作用

　　C. 否，基本没有对自然环境形成保护作用

　　B. 是，但是仍需要从其它方面强化对自然环境的保护

　　D. 否，破坏了自然环境

27. 您本地域本民族目前的制度文化延续状况是否起到了对自然环境的保护？（　　）

　　A. 是，对自然环境产生了重要的保护作用

　　B. 是，但是仍需要从其它方面强化对自然环境的保护

　　C. 否，基本没有对自然环境形成保护作用

　　D. 否，破坏了自然环境

第六部分　政府行为与本民族发展情况

28. 政府行为的介入是否为您所居住地域本民族所需要的？（　　）（如扶贫开发、环境保护、医疗保障、茅草屋改造、水电供应、基础设施大会战、城乡清洁工程等）

　　A. 是，很需要

　　B. 是，但希望更加尊重少数民族的特色

　　C. 否，我习惯原来的生产生活方式

　　D. 无所谓

29. 在政府各类政策的运行下，您的家庭经济情况是否得到改善？
（　　）

　　A. 是，得到很大改善　　　　B. 是，但改善不大

　　C. 否，没有得到改善　　　　D. 否，我的家庭更加的贫困

30. 在政府各类政策的运行下，您所属本民族地域的自然环境是否变得更好？（　　）

　　A. 是，得到很大改善　　　　B. 是，但改善不大

　　C. 否，没有得到改善　　　　D. 否，自然环境遭到了很大的破坏

31. 您父辈时，是政府的法律法规还是本民族的制度文化对您及家庭的发展影响大？（　　）

　　A. 政府的法律法规　　　　B. 本民族的制度文化

32. 就目前来说，是政府的法律法规还是本民族的制度文化对您及家庭的发展影响大？（　　）

　　A. 政府的法律法规　　　　B. 本民族的制度文化

　　C. 无所谓

第七部分　本民族的伦理观变化情况

33. 您认为本地域本民族人们目前是否拥有诚实守信的品德？（　　）

　　A. 是，与以往一样　　　　B. 否，不再拥有

　　C. 本民族诚实守信的品德逐渐下滑

34. 您认为本地域本民族人们目前是否拥有勤劳节俭的品德？（　　）

　　A. 是，与以往一样　　　　B. 否，不再拥有

　　C. 本民族勤劳节俭的品德逐渐下滑

35. 您认为本地域本民族人们目前是否拥有惩恶扬善的品德？（　　）

　A. 是，与以往一样　　　　B. 否，不再拥有

C. 本民族惩恶扬善的品德逐渐下滑

36. 您认为本地域本民族人们目前是否拥有重情感恩的品德？（　　）

　A. 是，与以往一样　　　　　B. 否，不再拥有

C. 本民族重情感恩的品德逐渐下滑

37. 您是否认同本地域本民族人们目前存在的社会风气？（　　）

　A. 完全认同

　B. 较为认同，目前的社会风气与老一辈相比有许多不同

　C. 不怎么认同，目前的社会风气与老一辈相比有许多不同

　D. 完全不认同

38. 您认为本地域本民族人们目前的整体道德观念较以往是否下降，造成这种情况的主要因素是什么？（　　）

　A. 没有下降，传统的道德观念延续是其主要原因

　B. 没有下降，并且在政府的帮助下适应了现代社会的需要

　C. 有所下降，受整个国家经济社会快速发展的影响

　D. 有所下降，受其他民族道德观念变化的影响

　F. 其它情况＿＿＿＿＿＿＿＿＿＿＿＿＿＿＿＿＿＿

39. 如果您所在地域本民族的道德观念发生了变化，那么他们的行为对周边自然环境是否造成了影响？（　　）

　A. 基本没有影响

　B. 没有太大的影响，但也有一些违反自然环境规律的行为出现

　C. 有较大影响，人们不再过多尊重自然环境

D. 本民族道德观念未改变

第八部分　本民族的价值观变化情况

40. 您认为您所在地域本民族人们对金钱的观念是否重于以往?
(　　　)

　A. 是　　　　B. 否

41. 您认为您所在地域本民族人们对自然的尊重是否与以往相同?
(　　　)

　A. 是　　　　B. 否

42. 您认为您所在地域本民族人们对他人的尊重是否与以往相同?
(　　　)

　A. 是　　　　B. 否

43. 您认为您所在地域本民族人们目前是否安于现状?(　　　)

　A. 是　　　　B. 否

44. 您认为您所在地域本民族人们目前是以家庭为重还是以个人发展为重?(　　　)

　A. 以家庭为重　　　　　B. 个人发展

　C. 其它＿＿＿＿＿＿＿＿＿＿＿＿

45. 您认为您所在地域本民族人们对人、对事的看法发生变化的最重要原因是什么?(　　　)

　A. 国家经济社会的快速发展

　B. 周边其他民族的影响

　C. 本民族人们希望改善生产生活环境的需要

D. 主动接受社会变化的生存要求

F. 本地域本民族人们对人、对事的看没有发生较大变化

第九部分　政府行为与本民族居住地域自然环境的关系

46. 您认为地方政府对您所居住地域的开发过程是否造成了自然环境的改变？（　　）

　　A. 破坏了自然环境　　　　B. 改善了自然环境

　　C. 没有过多改变

47. 您认为政府对您所居住地域的开发过程所导致自然环境的改变是出于什么考虑？（　　）

　　A. 为了提高人们的生活水平

　　B. 为了地政府的政绩

　　C. 为了保护当地的生态环境

　　D. 自然环境没有过多发生改变

　　E. 其它_____

48. 您所居住地域的某些自然环境遭到破坏时，地方政府是否主动去修复它们呢？（　　）

　　A. 是，主动修复　　　　B. 是，但修复力度不够

　　C. 否，没有去修复　　　　D. 没有遭到破坏

49. 假如在"优先发展本地域经济"与"优先保护本地域自然环境"二者中作一选择，您更希望是哪一方面？（　　）

　　A. 优先发展本地域经济　　B. 优先保护本地域自然环境

　　C. 无所谓

50. 您是否听说过"生态文明"这一词或熟悉"什么是生态文明"?（　　）

　　A. 听说过，但不理解　　　　B. 有一定熟悉

　　C. 非常熟悉　　　　　　　　D. 没有听说过

主要参考文献

［1］马克思恩格斯全集（第一卷）［M］．北京：人民出版社，1956．

［2］马克思恩格斯全集（第二卷）［M］．北京：人民出版社，1957．

［3］马克思恩格斯全集（第二十八卷）［M］．北京：人民出版社，1973．

［4］马克思恩格斯全集（第三十卷）［M］．北京：人民出版社，1995．

［5］马克思恩格斯文集（第一卷）［M］．北京：人民出版社，2009．

［6］马克思恩格斯文集（第十卷）［M］．北京：人民出版社，2009．

［7］马克思恩格斯文集（第二卷）［M］．北京：人民出版社，2009．

［8］马克思恩格斯文集（第三卷）［M］．北京：人民出版社，2009．

［9］马克思恩格斯文集（第四卷）［M］．北京：人民出版社，2009．

［10］马克思恩格斯文集（第七卷）［M］．北京：人民出版社，2009．

［11］马克思恩格斯文集（第八卷）［M］．北京：人民出版社，2009．

［12］马克思恩格斯文集（第九卷）［M］．北京：人民出版社，2009．

［13］江泽民文选（第三卷）［M］．北京：人民出版社，2006．

［14］《十八大报告学习辅导百问》编写组．十八大报告学习辅导百问［M］．北京：学习出版社，2012．

［15］《中国少数民族社会历史调查资料丛刊》修订编辑委员会编．广西瑶族社会历史调查（修订本）［M］．北京：民族出版社，2009．

［16］D·谢弗著．高广卿，陈炜译．经济革命还是文化复兴［M］．北京：社会科学文献出版社，2006．

［17］James O' Connor. *Natural Causes*：*Essays in Ecological Marxism.* New York：The Guilford Press，2003．

［18］艾瑞克·霍布斯鲍姆．极端的年代：1914 – 1991［M］．北京：中信出版社，2014．

［19］安德鲁·多布森．绿色政治思想［M］．济南：山东大学出版社，2012．

［20］安东尼·吉登斯著．周红云译．失控的世界［M］．南昌：江西人民出版社，2006．

［21］贝克，吉登斯，拉什．自反性现代化［M］．北京：商务印书馆，2004．

［22］陈学明，王凤才．西方马克思主义前沿问题二十讲［M］．上海：复旦大学出版社，2008．

［23］陈源主编．瑶族［M］．乌鲁木齐：新疆美术摄影出版社，2009．

[24] 戴华. 苗族 [M]. 乌鲁木齐：新疆美术摄影出版社，2010.

[25] 戴维·佩珀著. 刘颖译. 生态社会主义：从深生态学到社会主义 [M]. 济南：山东大学出版社，2005.

[26] 道格拉斯·诺斯著. 陈昕，陈郁译. 经济史中的结构与变迁 [M]. 上海：上海三联书店，1994.

[27] 侗学研究会. 侗学研究 [M]. 贵阳：贵州民族出版社，1987.

[28] 都安瑶族自治县志编纂委员会. 都安瑶族自治县志 [M]. 南宁：广西人民出版社，1993.

[29] 广西课程教材发展中心组织编写. 形势与政策教育读本（2015 版）[M]. 桂林：广西师范大学出版社，2015.

[30] 广西壮族自治区编辑组. 广西壮族社会历史调查（第一册）[M]. 南宁：广西民族出版社，1984.

[31] 哈耶克著，邓正来译. 民主向何处去？：哈耶克政治学 \ 法学论文集 [M]. 北京：首都经济贸易大学出版社，2014.

[32] 何积全. 苗族文化研究 [M]. 贵阳：贵州人民出版社，1999.

[33] 黄桂秋. 壮族麽文化研究 [M]. 南宁：广西民族出版社，2006.

[34] 李富强，潘汁. 壮学初论 [M]. 北京：民族出版社，2009.

[35] 李默. 瑶族历史探究 [M]. 北京：社会科学文献出版社，2015.

[36] 梁庭望，罗宾. 壮族伦理道德长诗传扬歌译注 [M]. 南宁：广西民族出版社，2005.

［37］柳城县志编辑委员会．柳城县志［M］．广州：广州出版社，1992.

［38］马丁·沃尔夫著．余江译．全球化为什么可行［M］．北京：中信出版社，2008.

［39］马丁·耶内克，克劳斯·雅各布主编．李慧明，李昕蕾译．全球视野下的环境管治：生态与政治现代化的新方法［M］．济南：山东大学出版社，2012.

［40］莫金山编著．金秀瑶族村规民约［M］．北京：民族出版社，2012.

［41］南往耶．南往耶之墓［M］．北京：作家出版社，2013.

［42］彭慕兰著．史建云译．大分流：欧洲、中国及现代世界经济的发展［M］．南京：江苏人民出版社，2003.

［43］乔纳森·休斯著．张晓琼等译．生态与历史唯物主义［M］．南京：江苏人民出版社，2010.

［44］融安县志编纂委员会．融安县志［M］．南宁：广西人民出版社，1996.

［45］十六大以来重要文献选编（上）［M］．北京：中央文献出版社，2005.

［46］石启贵．湘西苗族实地调查报告［M］．长沙：湖南人民出版社，1986.

［47］时国轻．壮族布洛陀信仰研究［M］．北京：宗教文化出版社，2008.

［48］覃彩銮．盘古文化探源：壮族盘古文化的民族学考察［M］.

南宁: 广西人民出版社, 2008.

[49] 威廉·莱斯著. 岳长岭, 李建华译. 自然的控制 [M]. 重庆: 重庆出版社, 2007.

[50] 习近平. 习近平谈治国理政 (第一卷) [M]. 北京: 外文出版社, 2014.

[51] 习近平. 习近平总书记系列重要讲话读本 (2016版) [M]. 北京: 学习出版社, 2016.

[52] 尹绍亭. 一个充满争议的文化生态体系——云南刀耕火种研究 [M]. 昆明: 云南人民出版社, 19913.

[53] 庚虎. 马克思历史理论与新全球化 [M]. 北京: 中国商业出版社, 2017.

[54] 袁翔珠. 石缝中的生态法文明——中国西南亚热带岩溶地区少数民族生态保护习惯研究 [M]. 北京: 中国法制出版社, 2010.

[55] 约翰·德赖泽克著. 蔺雪春, 郭晨星译. 地球政治学: 环境话语 [M]. 济南: 山东大学出版社, 2012.

[56] 詹姆逊·奥康纳. 自然的理由——生态学马克思主义 [M]. 南京: 南京大学出版社, 2003.

[57] 中共中央关于全面深化改革若干重大问题的决定 [M]. 北京: 人民出版社, 2014.

[58] 周世中. 西南少数民族民间法的变迁与现实作用——以黔桂瑶族、侗族、苗族民间法为例 [M]. 北京: 法律出版社, 2010.

[59] 费孝通. 学术自述与反思: 费孝通学术文集 [C]. 北京: 生活·读书·新知三联书店, 1996.

［60］金星华主编. 民族文化理论与实践：首届全国民族文化论坛论文集（上册）［C］. 北京：民族出版社，2005.

［61］黄焕汉. 广西瑶族价值观研究——以都安瑶族自治县布努瑶为例［D］. 广州：中山大学，2009.

［62］白葆莉. 中国少数民族生态伦理研究［D］. 中央民族大学，2007.

［63］宝贵贞. 少数民族生态伦理观探源［J］. 贵州民族研究，2002，（2）.

［64］本刊编辑部. 邓小平论林业与生态建设［J］. 内蒙古林业，2004，（8）.

［65］陈明明. 危机与调适性变革：反思主流意识形态［J］. 经济社会体制比较，2010，（6）.

［66］冯国忠. 马克思主义生态观及其对广西生态文明建设的启示［J］. 河池学院学报，2014，34（3）.

［67］符广华. 壮族乡约制度功能研究：以龙脊十三寨为例［J］. 广西民族研究，2005，（1）.

［68］高其才. 瑶族习惯法特点初探［J］. 比较法研究，2006，（3）.

［69］郭京福，左莉. 少数民族地区生态文明建设研究［J］. 商业研究，2011，（10）.

［70］郝国强，钟少云. 从石牌律到村规民约：大瑶山无字石牌探析［J］. 广西民族大学学报（哲学社会科学版），2014，36（1）.

［71］何圣伦，何开丽. 苗族生命伦理观与沈从文的侠义叙事［J］

. 西南大学学报（社会科学版），2011，37（4）.

[72] 何圣伦，石雪. 苗族生命伦理观与苗族和谐文化 [J]. 重庆工商大学学报（社会科学版），2008，25（4）.

[73] 洪长安，李广义. 广西少数民族传统生态伦理文化研究 [J]. 广西社会科学，2011，（7）.

[74] 黄雁玲. 壮族传统婚姻伦理特征探析 [J]. 广西民族师范学院学报，2013，30（2）.

[75] 黄志斌，任雪萍. 马克思恩格斯生态思想及当代价值 [J]. 马克思主义研究，2008，（7）.

[76] 金荣. 生态文明建设与民族传统文化的保护和传承——以广西少数民族地区为例 [J]. 民族论坛，2014（2）.

[77] 李凤玉. 壮族《麽经布洛陀》中和谐价值思想探析 [J]. 百色学院学报，2016，29（4）.

[78] 李广义. 广西毛南族生态伦理文化可持续发展研究 [J]. 广西民族研究，2012，（3）.

[79] 李霞. 土家族传统生态伦理观及其现代价值 [J]. 民族论坛，2008，（10）.

[80] 凌春辉. 论《麽经布洛陀》的壮族生态伦理意蕴 [J]. 广西民族大学学报（哲学社会科学版），2010，（3）.

[81] 刘海霞，王宗礼. 邓小平生态环境思想探析 [J]. 中南大学学报（社会科学版），2014，20（6）.

[82] 龙海平，魏锦雯. 广西少数民族生态伦理的现实价值探讨 [J]. 佛山科学技术学院学报（社会科学版），2015，33（5）.

[83] 罗展鸿，庾虎. 现代性视角下的桂西北大石山区少数民族价值伦理观研究 [J]. 经济与社会发展，2014，(4).

[84] 罗展鸿. 传统诚信观及其价值探讨 [J]. 桂林航天工业学院学报，2016，(2).

[85] 麻勇恒，范生姣. 对生命神性的敬畏与遵从：武陵山区苗族的生命伦理 [J]. 铜仁学院学报，2016，18 (2).

[86] 蒙祥忠. 论贵州民族传统生态文化 [J]. 贵州师范学院学报，2014，30 (7).

[87] 孟庆仁. 为什么要提出现代唯物史观 [J]. 中共济南市委党校学报，2003，(4).

[88] 曲艺，贾中海. 马克思主义生态观指导下民族经济生态文明建设 [J]. 贵州民族研究，2017，38 (3).

[89] 任勇. 社会转型与少数民族价值观变迁：以西南地区为例 [J]. 新疆社会科学，2012，(3).

[90] 覃青必. 论壮族传统伦理道德文化及其对民族地区大学生思想政治教育的价值 [J]. 传承，2016，(4).

[91] 唐凯兴. 壮族生活习俗中的伦理意蕴析论 [J]. 百色学院学报，2015，28 (4).

[92] 陶琦. 土地整理抗旱显灵——天等县大石山区土地整理项目区见闻 [J]. 南方国土资源，2010，(5).

[93] 王复三，杨霞，李云峰. 也谈马克思的东方社会理论——一种历史的和方法论的考察 [J]. 山东大学学报（哲学社会科学版），1991，(1).

[94] 吴家权. 关于河池生态文明建设的几点思考 [J]. 广西经济, 2013, (4).

[95] 许联芳, 刘新平, 王克林, 谭和宾. 桂西北喀斯特区域土地开发整理模式与持续利用对策研究——以环江毛南族自治县为例 [J]. 国土与自然资源研究, 2003, (4).

[96] 杨红波. 生态文明视角下广西少数民族自治县县域经济跨越发展研究 [J]. 广西大学学报 (哲学社会科学版), 2016, 38 (5).

[97] 庾虎, 罗展鸿. 桂西北大石山区少数民族价值伦理观变迁研究——基于中年者的问卷调查 [J]. 理论探讨, 2014, (6).

[98] 庾虎, 罗展鸿. 生态文明与 GDP 博弈下的桂西北大石山区少数民族发展境遇研究 [J]. 桂林航天工业学院学报, 2014, (1).

[99] 庾虎. 广西生态文明建设中的多重人文环境研究 [J]. 文化与传播, 2014, (5).

[100] 庾虎. 论习近平命运共同体新理念与马克思联合体思想 [J]. 中共山西省委党校学报, 2017, (3).

[101] 庾虎. 现代性的生成结构 [J]. 高等函授学报 (哲学社会科学版), 2010, (8).

[102] 张沁悦, 马艳, 刘诚洁. 市场经济的生态逻辑 [J]. 教学与研究, 2014, (8).

[103] 张云兰. 广西生态文明建设现状及对策研究 [J]. 经济与社会发展, 2013, (6).

[104] 郑学工. 不唯 GDP 论英雄是社会价值观的嬗变 [J]. 中国统计, 2015, (5).

［105］郑英杰. 苗族伦理思想初探［J］. 吉首大学学报（社会科学版），1988，（3）.

［106］钟红艳. 壮族自然崇拜中的伦理意蕴研究［J］. 广西社会主义学院学报，2016，27（1）.

［107］周笑梅. 现代化进程中的中国少数民族价值观传承［J］. 延边大学学报（社会科学版），2010，（4）.